KB111488

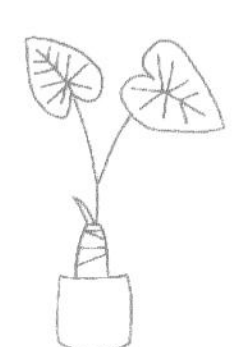

메리데이와 함께하는
식물 프랑스 자수

초록 자수

김효진 지음

버튼북스

Contents

Prologue • 6

Part 1
초록 자수 시작하기

재료와 도구 • 10

자수의 기초 • 14

스티치 배우기 • 18

Part 2
초록과 함께하기

작은 정원 만들기 가드닝 • 50

식물이 있는 집 플랜테리어 • 58

자연이 주는 선물 꽃 • 74

실로 그리는 그림 자수 소품 • 80

Part 3

초록으로 수놓기

알로카시아 • 88

물꽂이 • 90

선인장과 다육이 • 92

밍크선인장 • 100

테라리움 • 102

청귤나무 • 106

팜파스 • 124

크리스마스트리 • 126

가랜드 • 128

꽃 엽서 • 130

라벤더 • 134

해바라기 • 136

극락조 • 108

필레아페페 • 110

거북알로카시아와 마오리소포라 • 112

행잉플랜트 • 114

마크라메 • 116

틸란드시아 • 118

공중식물 • 120

덩굴리스 • 122

양귀비 • 138

튤립 • 140

유칼립투스 • 142

올리브 • 144

단풍잎 쿠션 • 146

코스터 • 148

그린 에코백 • 150

초록 아이템 • 152

Prologue

늘 무언가를 만들고 계셨던 엄마 옆에서 자투리 원단으로 인형 옷을 만들던 기억이 납니다.
만드는 과정의 즐거움, 완성했을 때의 짜릿함.
분명 서툴렀고 촌스러웠지만 제 눈에는 그 어떤 옷보다 화려했고 소중했어요.

만들기를 좋아하던 제가 본격적으로 자수를 시작한 계기는 고민을 해결하기 위해서였어요.
사실 유일한 해결책은 그 '시간'을 잘 흘려보내는 것이었죠.
자수는 가만히 있으면 몰려드는 부정적인 생각을 몰아내고 몰두할 도피처가 되어주었어요.
시작이 그리 유쾌하진 않았지만 머릿속을 비워내고 손을 열심히 움직였어요.
수틀 속에 담긴 봄꽃 같은 작품을 보고 있으면 정말 뿌듯했어요.
시간이 지나면서 걱정은 희미해졌고, 저에게는 자수라는 멋진 취미가 남아 있었어요.

자수와 함께 즐기는 취미생활 중 하나가 식물 가꾸기.
물론 잘 길러내진 못하지만 무척 좋아합니다.
자수를 할 때처럼, 식물을 기르면서 정서적으로 안정되고 위안이 되었어요.
그래서 반려식물이라고도 하는 것 같아요.
초록이 주는 에너지를 자수로 표현하고 싶었어요.
식물 가꾸기를 자수에 접목시켜 저만의 초록 자수를 완성해나갔습니다.

자수를 시작할 때면 언제나 문 위에 놓여 있던 엄마의 바늘 꾸러미가 떠오릅니다.
곧 마음이 따뜻해지고 미소 짓게 됩니다.
여러분도 초록 자수를 수놓으며 제가 느꼈던 편안함을 느끼기를 바랍니다.

메리데이 김효진

Part 1

초록 자수 시작하기

step 01

재료와 도구

원단

다양한 소재와 색깔의 원단이 있다. 리넨, 광목, 면으로 된 원단이 초보자가 사용하기에 좋다. 펠트는 올이 풀리지 않고 힘 있는 소품을 만들 때 유용하다.

실

DMC 25번사: 6가닥으로 이루어져 있으며 총길이는 8m다. 50~60cm씩 자른 후 필요한 가닥수만큼씩 뽑아서 사용한다.

울사: 뜨개실 같은 재질이다. 입체적이고 포근한 작품을 수놓기에 적합하다.

메탈릭사: 반짝반짝 포인트를 줄 때 사용하는 실이다.

재봉실: 자수에 사용되지는 않지만 수틀을 마무리할 때, 소품을 만들 때 사용한다. 없을 때는 자수실로 대체해도 된다.

보빈

실을 감아서 정리하는 실패. 플라스틱, 두꺼운 종이, 투명, 불투명, 긴 것, 짧은 것 등 재질과 생김새가 다양하다.

바늘

일반 바느질용 바늘보다 바늘귀가 커서 여러 가닥의 실을 꿰기 편하다. 바늘 호수는 여러 가지가 있어 실의 가닥 수에 맞는 바늘을 사용하는 것이 좋다. 바늘 호수가 커질수록 바늘귀가 작고 가늘어진다. 울사용 바늘은 더 굵고 바늘귀가 더 크고, 바늘끝이 뭉툭하거나 뾰족한 것이 특징이다.

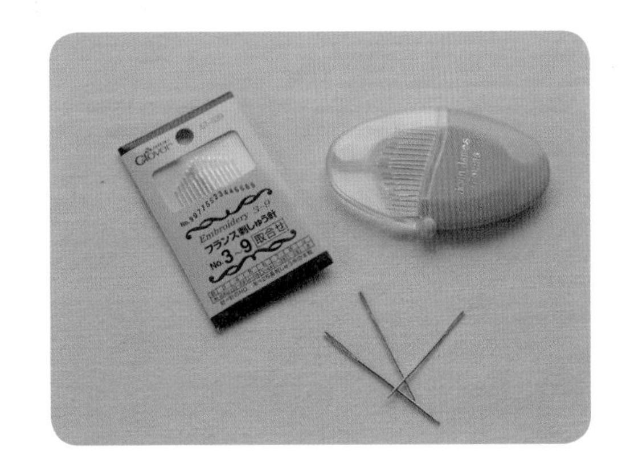

핀 쿠션

바늘을 보관하기 위한 도구. 솜으로 채워져 있어 바늘을 꽂아 보관한다.

수틀

원단을 팽팽하게 고정시켜서 수를 더 쉽게 놓을 수 있게 도와주는 도구. 수틀 없이 수를 놓기도 하지만 수틀을 사용하면 좀 더 깔끔하게 수놓을 수 있다. 나무, 플라스틱 등 여러 소재가 있으며 사이즈도 다양하다. 초보자는 한 손에 쉽게 잡히는 10~12cm 정도의 크기가 적당하다.

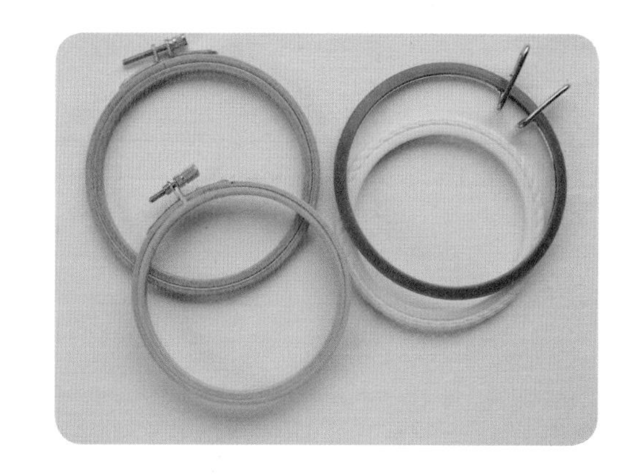

가위

원단을 자르는 데 사용하는 원단용 가위와 실을 자르거나 섬세한 자수 작업을 위해 사용되는 자수용 가위, 쪽가위가 있다. 수를 잘못 놓았을 때 실을 뜯어내기 위해 사용하는 실뜯개도 있다.

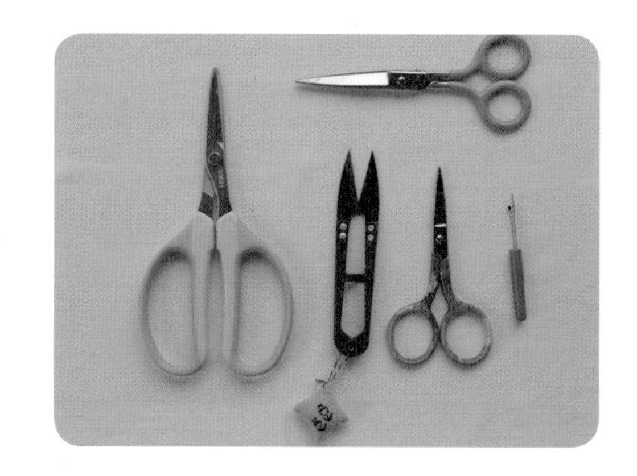

수성펜, 열펜

물이 닿으면 지워지는 원단용 펜. 수성펜으로 진하게 그렸을 경우에는 물로 지워도 수성펜의 흔적이 남을 수 있다. 그럴 때는 물에 원단을 잠시 담가주면 깨끗하게 지워진다. 열펜은 볼펜으로도 사용 가능하고 열에 의해 지워지는 펜이다.

먹지, 트레이싱지

먹지는 원단에 대고 도안을 그릴 때 사용한다. 물로 지워지는 수성 먹지를 사용하는 것이 좋다. 트레이싱지는 도안을 옮겨 그릴 수 있는 투명한 종이다.

비즈

이 책에 사용된 비즈는 미유키사의 비즈. 비즈 전용 바늘을 사용하거나 비즈구멍을 통과하는 자수 바늘을 사용해도 된다.

step
02

자수의 기초

도안 옮기는 법

1. 도안 위에 트레이싱지를 올려놓고 도안을 옮겨 그린다.

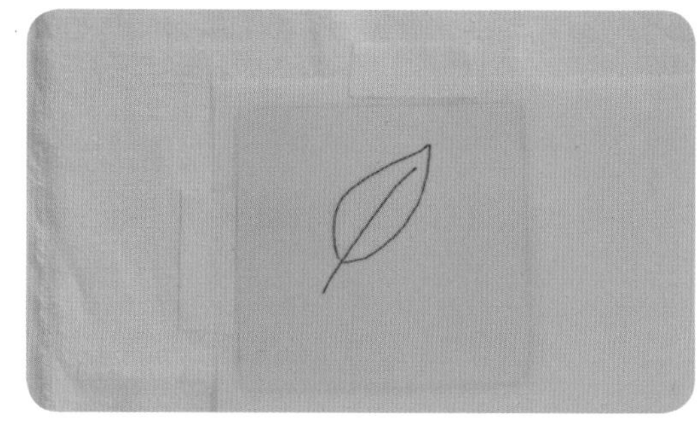

2. 아래에서부터 원단, 먹지, 트레이싱지 순서로 올리고 철펜(끝이 둥근 펜)으로 도안을 옮겨 그린다. 이때 종이가 움직이지 않도록 시침핀이나 테이프로 사방을 고정한다.

3. 끝이 둥근 펜으로 도안을 옮겨 그린다.

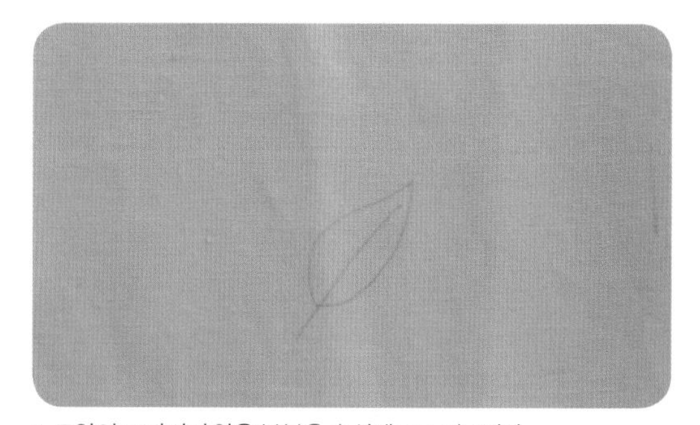

4. 도안이 그려지지 않은 부분은 수성펜으로 덧그린다.

수틀 사용법

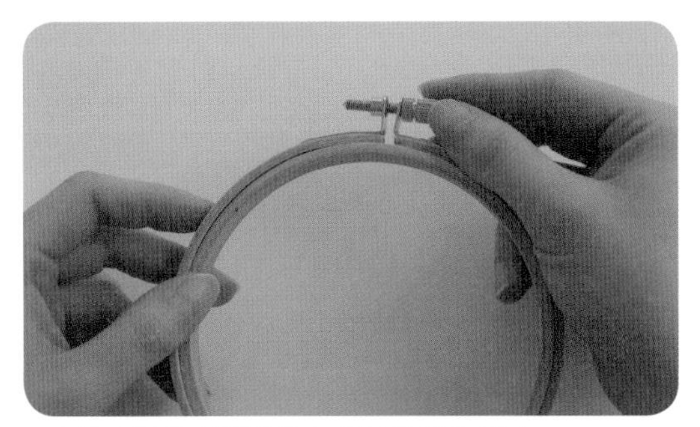

1. 나사를 살짝 풀어서 안수틀과 바깥수틀을 분리한다.

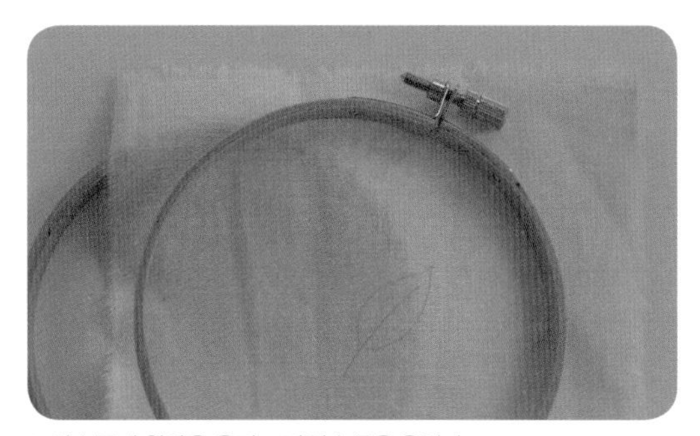

2. 안수틀에 원단을 올리고 바깥수틀을 올린다.

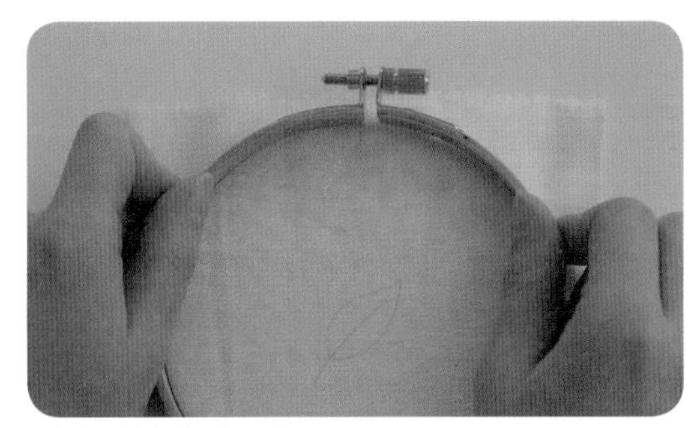

3. 수틀 사이에 원단을 끼운다.

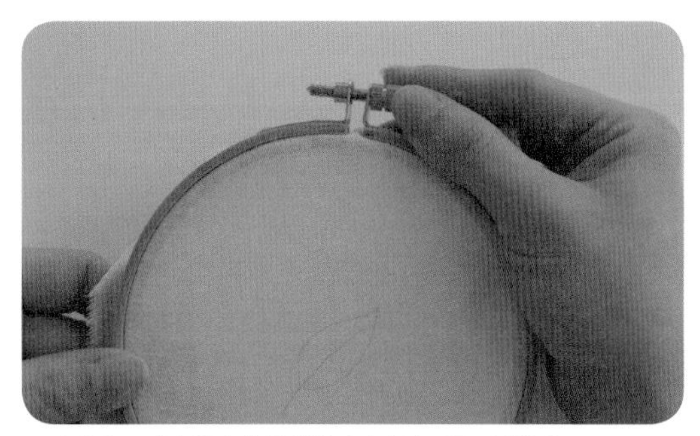

4. 나사를 조여서 원단이 쉽게 분리되지 않도록 고정한다.

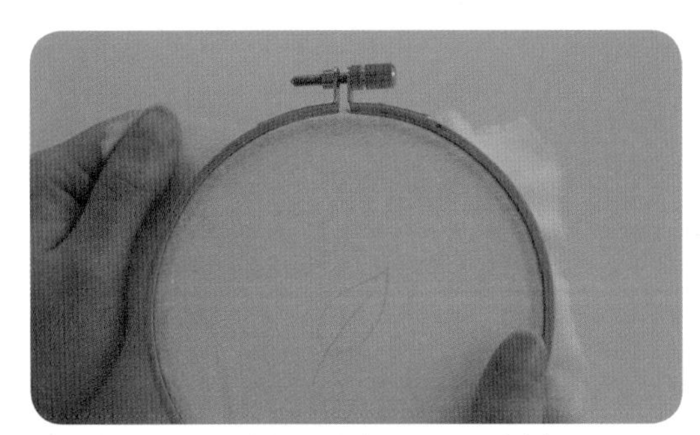

5. 원단이 팽팽하게 유지되도록 바깥으로 골고루 당긴다.

보빈에 실 감기

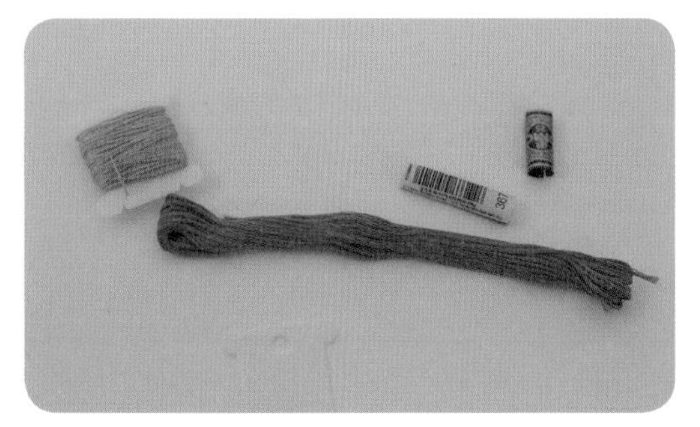

1. 실에 감긴 종이라벨을 뺀다.

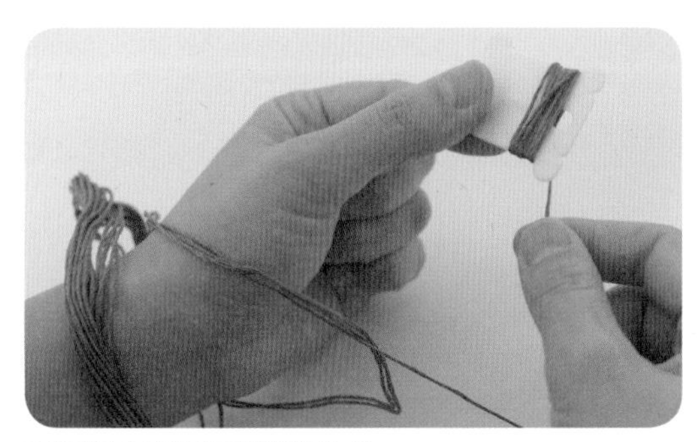

2. 타래를 손목에 감고 보빈에 감는다.

3. 마무리할 때 모서리 홈에 실을 끼우면 깔끔하게 보관할 수 있다.

바늘에 실 꿰기와 매듭짓기

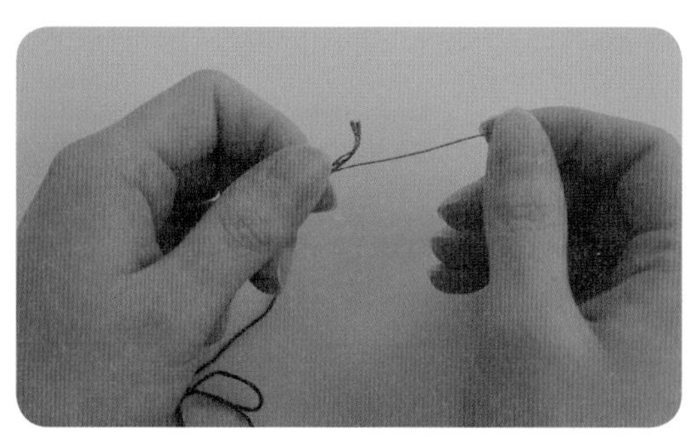

1. 실을 50~60cm로 잘라서 원하는 가닥수만큼 실을 한 가닥씩 뺀다.

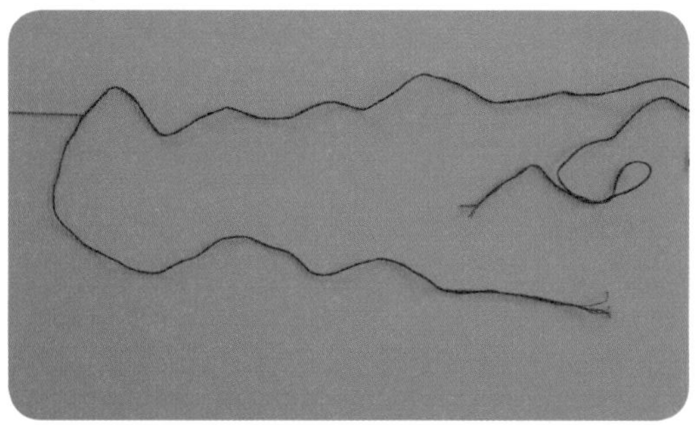

2. 빼낸 실들을 잘 모아서 바늘귀에 통과시켜 실을 한쪽은 길게, 한쪽은 짧게 한다.

3. 긴 실을 검지손가락에 올리고 그 위에 바늘끝을 교차시켜 올린다.

4. 바늘에 실을 2~3번 감는다. (여러 번 감을수록 매듭이 굵어진다.)

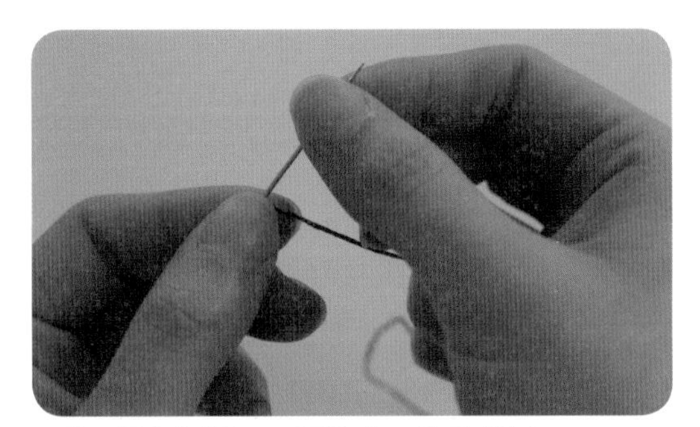

5. 감은 매듭을 손가락으로 잘 잡은 채로 바늘만 빼낸다.

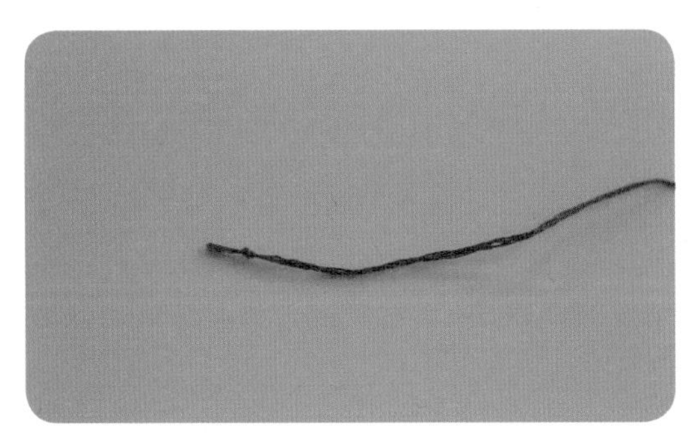

6. 매듭 완성

수틀 액자 마무리하기

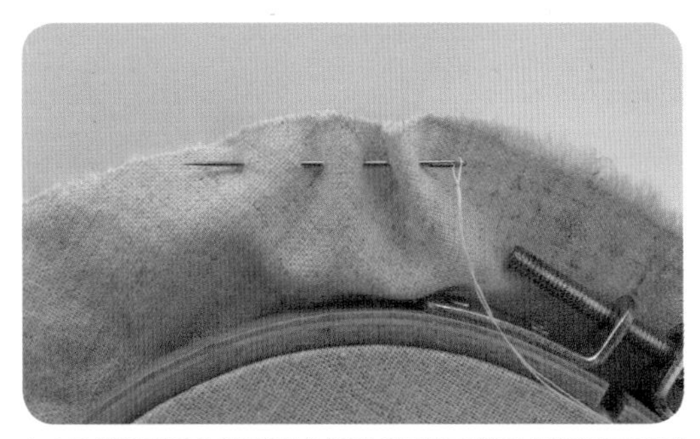

1. 수틀 원을 따라서 원단을 넉넉하게 잘라주고 원단 가장자리를 한 바퀴 홈질한다.

2. 원단이 수틀 뒷부분으로 모아지도록 실을 잡아당겨 조여준다.

3. 이대로 마무리해도 좋고, 원단을 좀 더 정리하고 싶으면 지그재그로 꿰매준다.

step 03

스티치 배우기

스트레이트 직선을 표현하는 스티치

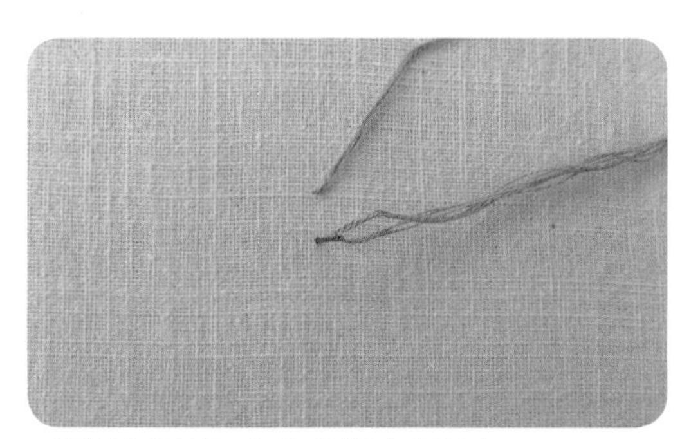

1. 원단 아래에서 위로 바늘을 빼서 한 땀 이동한다.

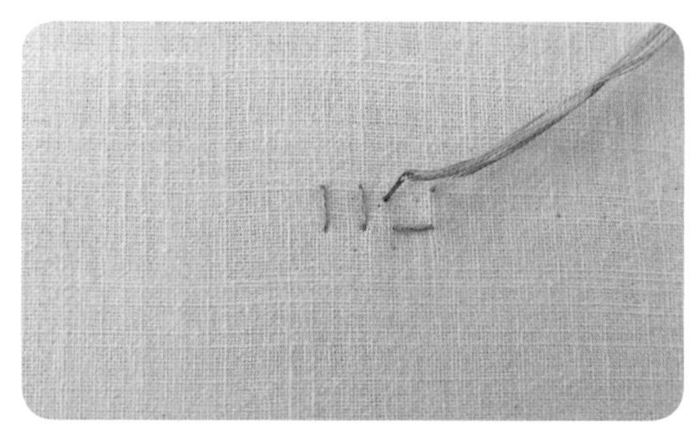

2. 가로세로 상관없이 한 땀 이동한다.

3. 스트레이트 스티치 완성

크로스 십자가 무늬 스티치

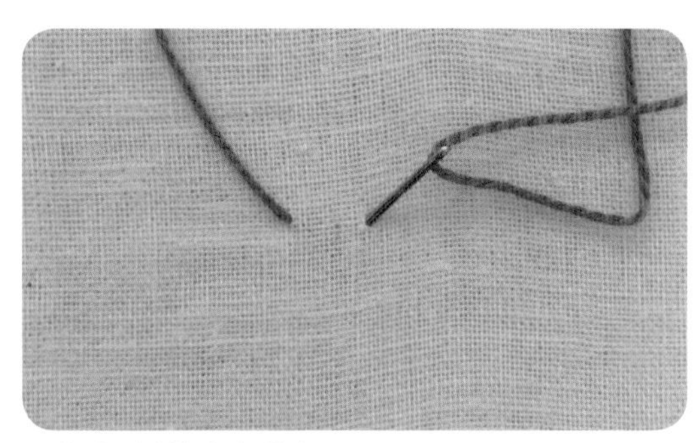

1. 바늘을 빼서 한 땀 이동한다.

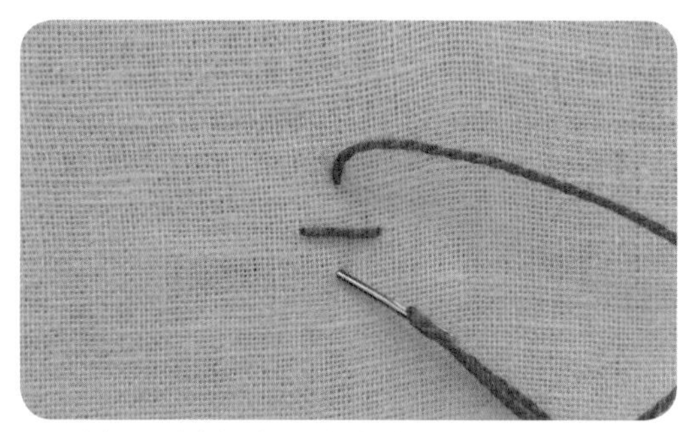

2. 교차되도록 십자가모양으로 한 땀 수놓는다.

3. 크로스 스티치 완성

러닝 점선을 표현하는 스티치

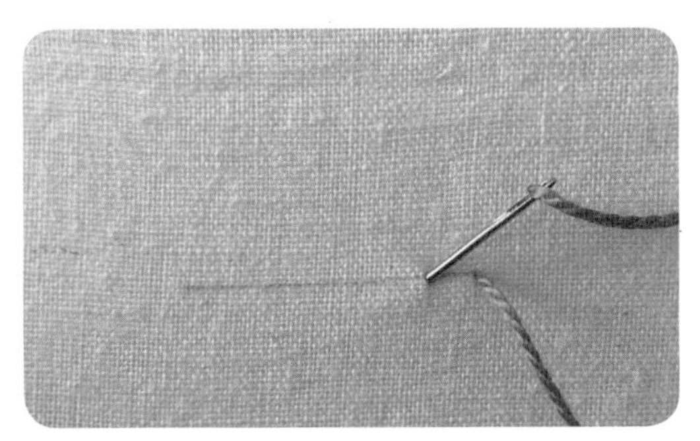

1. 바늘을 빼서 한 땀 이동한다.

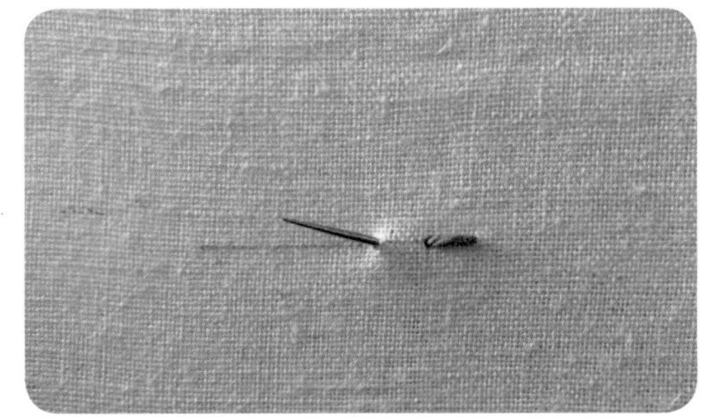

2. 간격은 상관없이 한 땀 띄우고 다시 바늘을 뺀다.

3. 1~2번 과정을 반복한다.

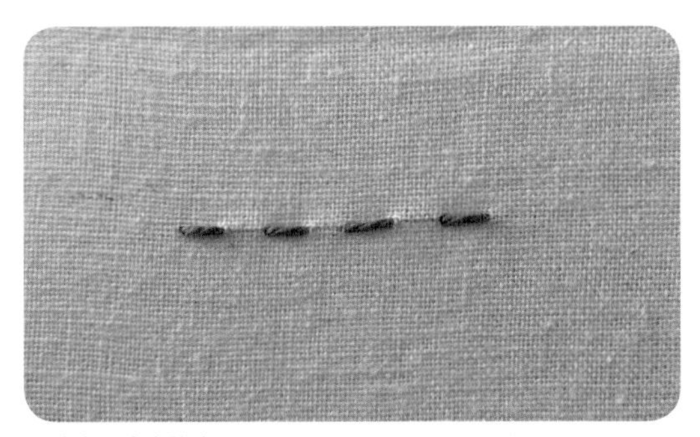

4. 러닝 스티치 완성

백 박음질 모양의 스티치 _ 오른쪽에서 왼쪽 방향으로 진행한다.

1. 바늘을 빼서 진행방향과 반대쪽으로 한 땀 이동한다.

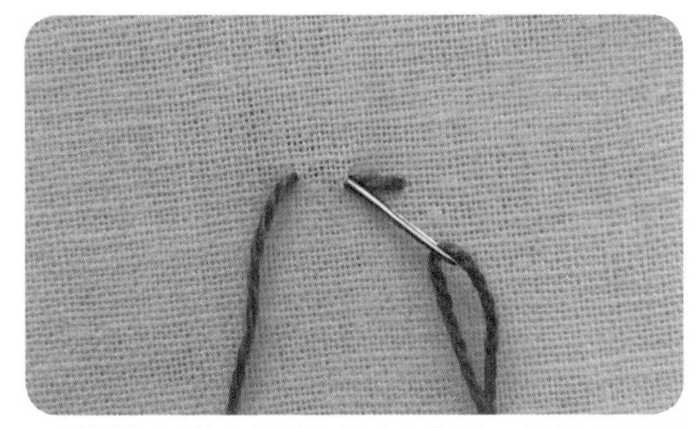

2. 진행방향으로 원단 아래에서 한 땀 간격을 두고 바늘을 빼서 첫 번째 땀의 끝에 바늘을 넣는다.

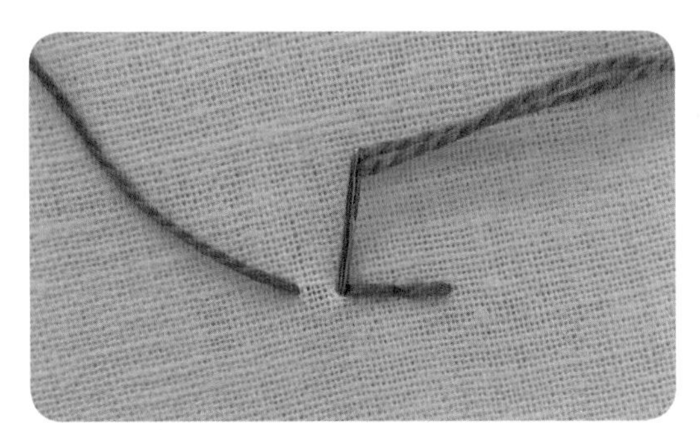

3. 1~2번 과정을 반복한다.

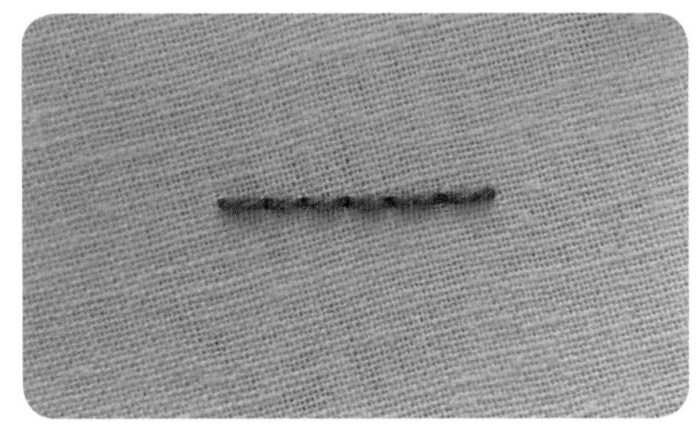

4. 백 스티치 완성

아웃라인 부드럽게 이어지는 선을 수놓을 때 사용한다. _ 곡선을 수놓을 때 유용하다.

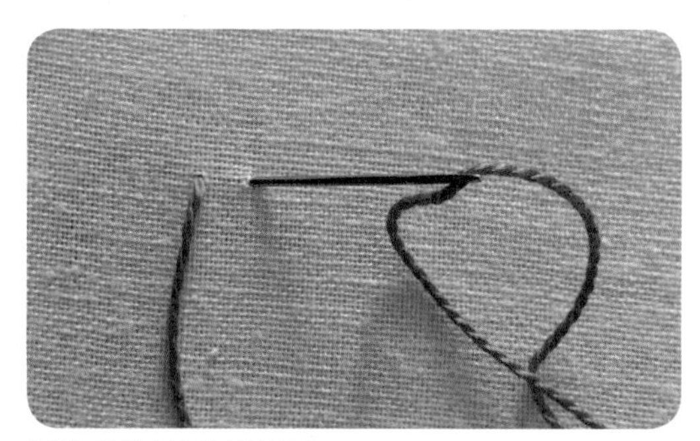

1. 바늘을 빼서 한 땀 이동한다.

2. 시작점과 같은 구멍, 혹은 살짝 안쪽에서 바늘을 빼고 고리는 아래로 향하도록 한다.

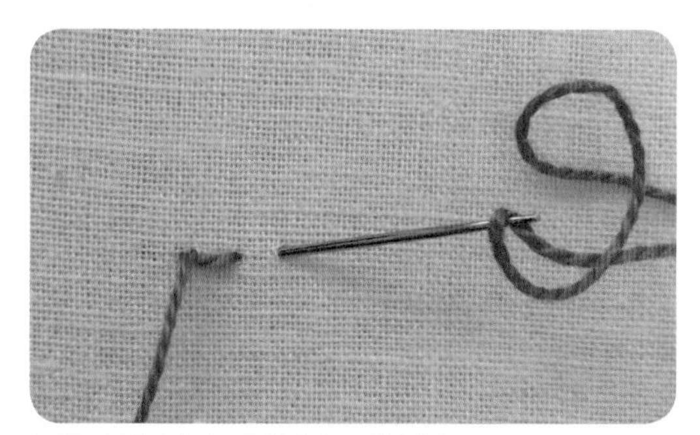

3. 실을 아래로 내리고 한 땀 앞으로 이동한다.

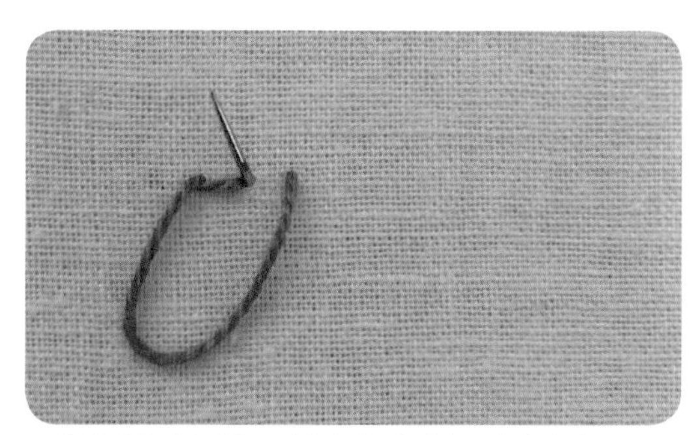

4. 2번에 만든 땀과 같은 구멍에서 바늘을 뺀다. (2번 과정 반복)

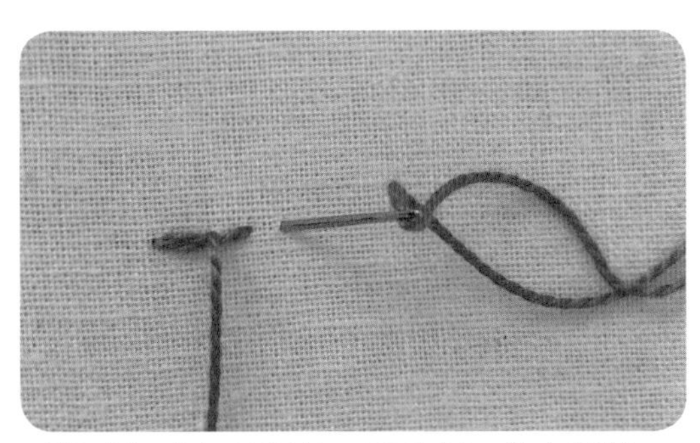

5. 실을 아래로 내리고 한 땀 앞으로 이동한다. (3~4번 과정 반복)

6. 아웃라인 스티치 완성. 곡선을 수놓을 때는 땀 길이를 줄여 가지런하게 표현한다.

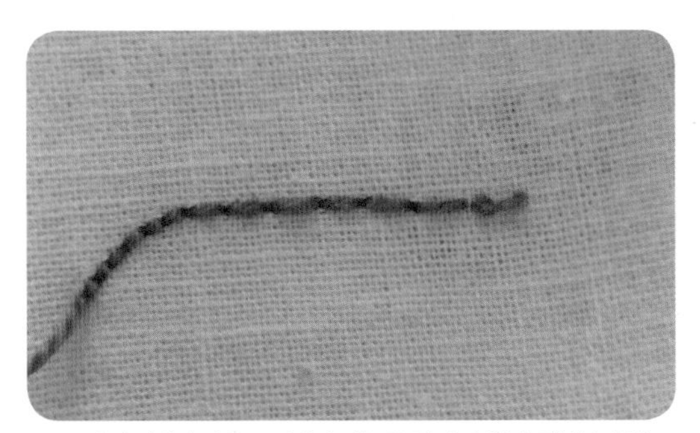

7. 2, 4번 과정에서 같은 구멍에서 바늘을 잘 빼면 원단 뒷부분에 백 스티치가 수놓아져 있다.

레이지 데이지 꽃잎, 물방울 모양의 스티치

1. 바늘을 빼서 실 고리를 남기고 그대로 같은 구멍에 바늘을 넣는다.

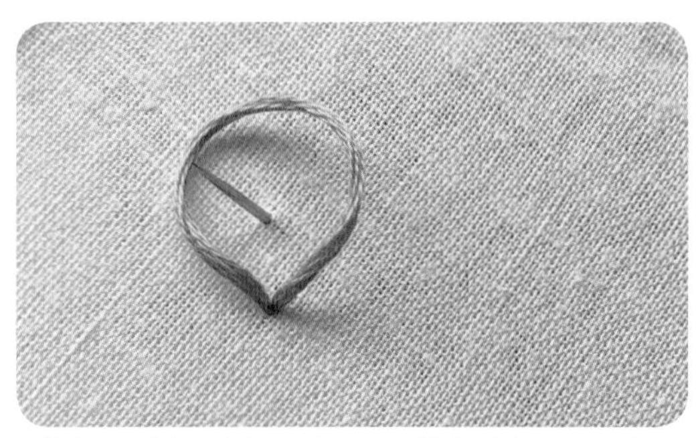

2. 원하는 꽃잎의 크기만큼 거리를 두고 바늘을 뺀다. 이때 1번에서 남겨놓은 고리 안쪽으로 빼낸다.

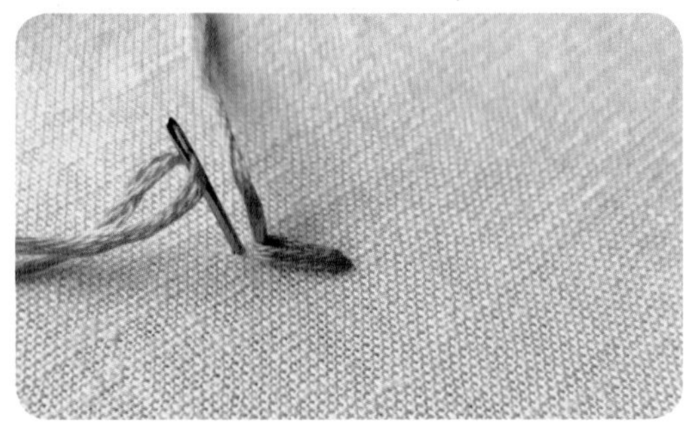

3. 바늘을 고리의 바깥쪽에 찔러 넣어서 마무리한다. (옆에서 본 모습)

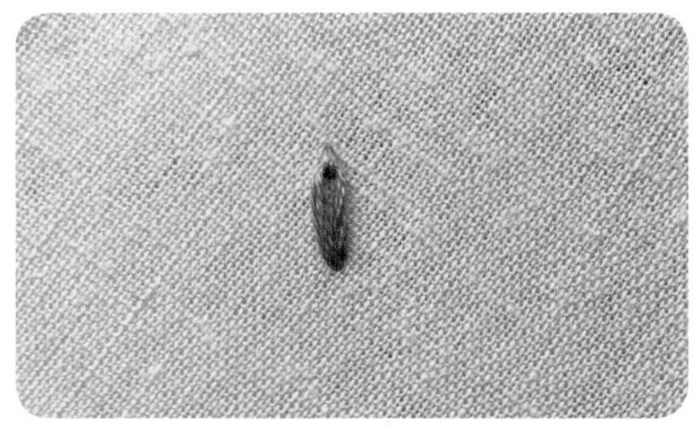

4. 레이지 데이지 스티치 완성

레이지 데이지+스트레이트 레이지 데이지의 가운데 비워진 부분이 채워진 스티치

1. 완성된 레이지 데이지의 시작점에서 다시 바늘을 뺀다.

2. 레이지 데이지의 마무리 지점에 바늘을 넣는다.

3. 레이지 데이지+스트레이트 스티치 완성. (왼쪽은 레이지 데이지, 오른쪽은 레이지 데이지+스트레이트 스티치)

체인 사슬모양의 스티치 _ 면, 선을 표현할 때 사용한다.

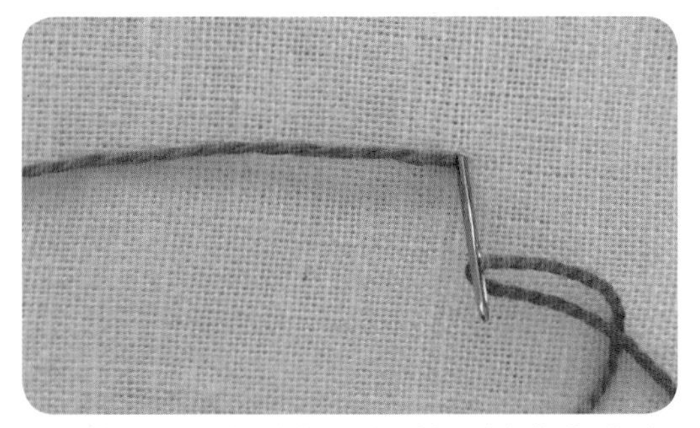

1. 바늘을 빼서 실 고리를 남기고 그대로 같은 구멍에 바늘을 넣는다.

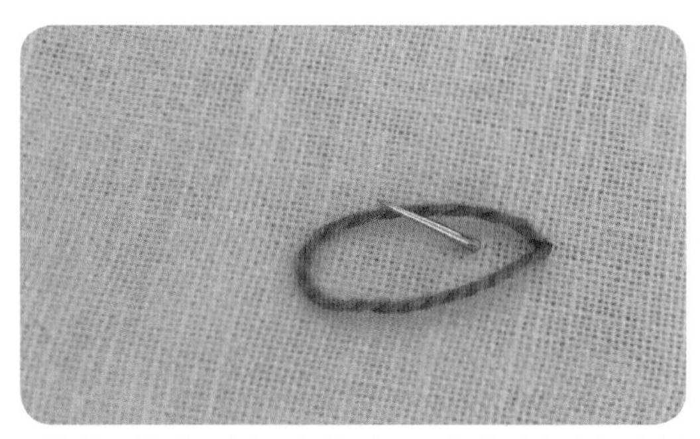

2. 원하는 사슬의 크기만큼 간격을 띄우고 바늘을 뺀다. 이때 1번에서 남겨놓은 고리 안쪽으로 뺀다.

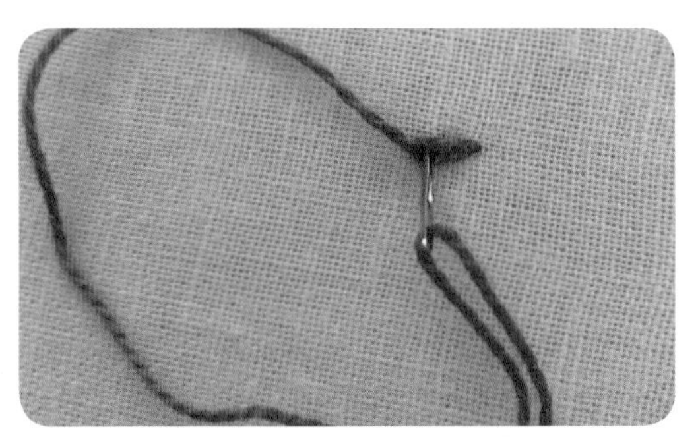

3. 실 고리를 만들고 바늘을 뺀 구멍으로 다시 바늘을 넣는다. (고리 안쪽)

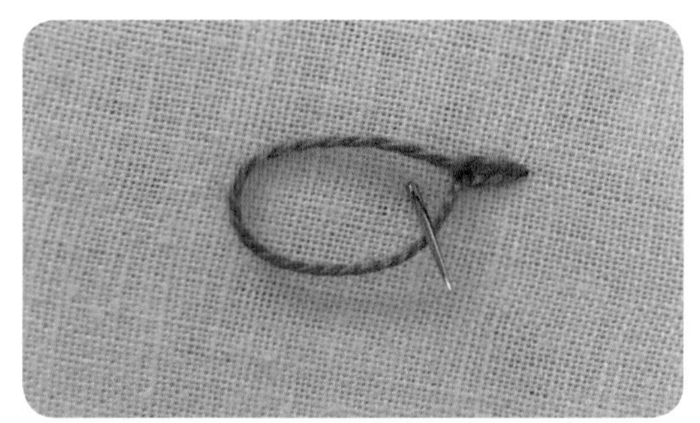

4. 고리를 만들고 바늘을 안쪽에서 뺀다. (2, 3번 과정 반복)

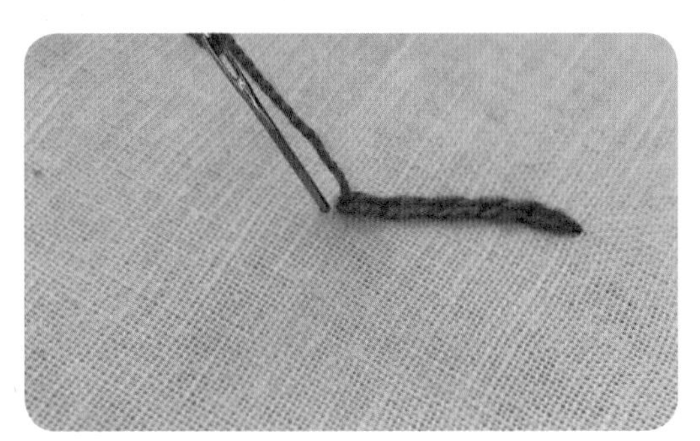

5. 체인 스티치 완성

휩 백 백 스티치에 실이 감긴 무늬의 스티치

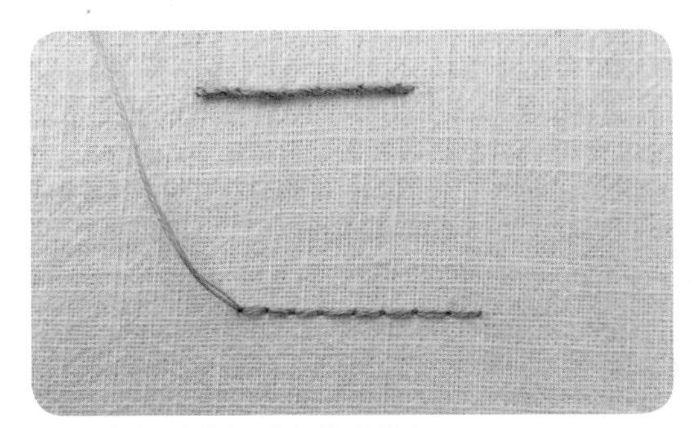

1. 완성된 백 스티치의 끝에서 바늘을 뺀다.

2. 수놓은 백 스티치를 한 땀씩 바늘로 통과한다.

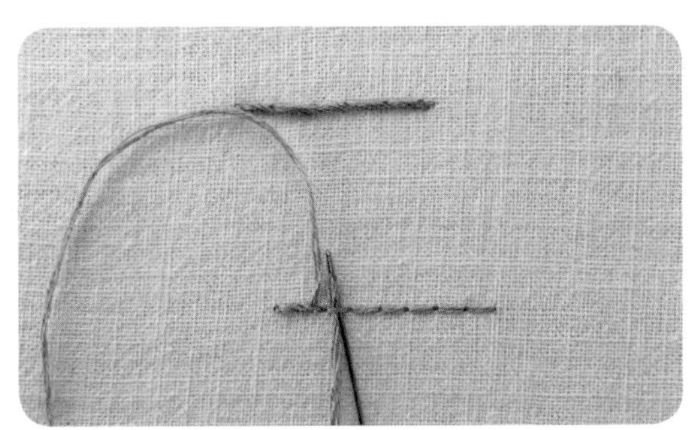

3. 위에서 아래, 혹은 아래에서 위쪽으로 통과하는 방향을 끝까지 유지한다. 바늘끝보다 뭉툭한 바늘귀로 통과하면 쉽다.

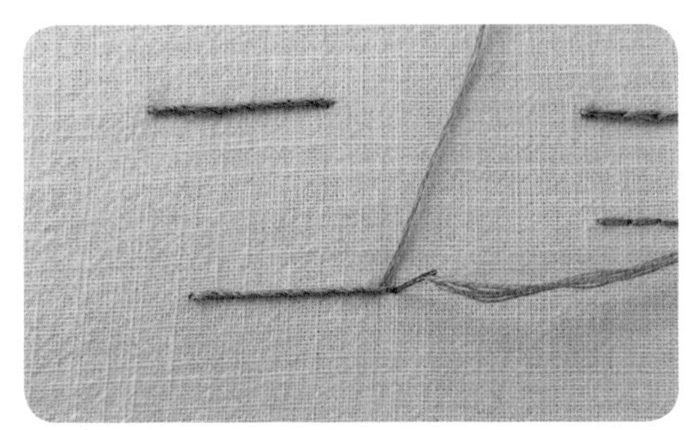

4. 백 스티치가 끝나는 지점에 바늘을 넣어서 마무리한다.

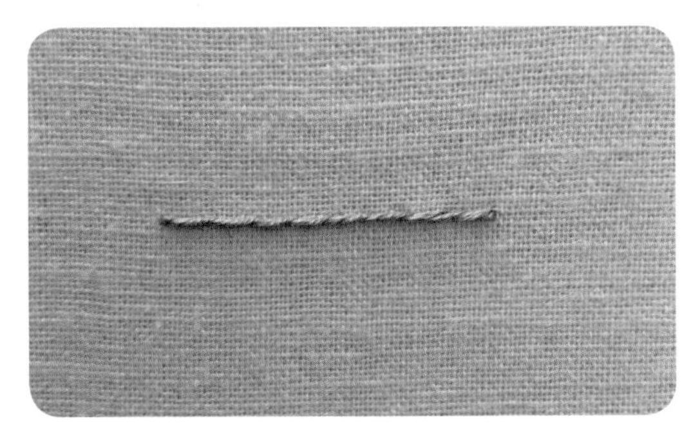

5. 휩 백 스티치 완성

휩 체인 체인 스티치에 실이 감긴 무늬의 스티치

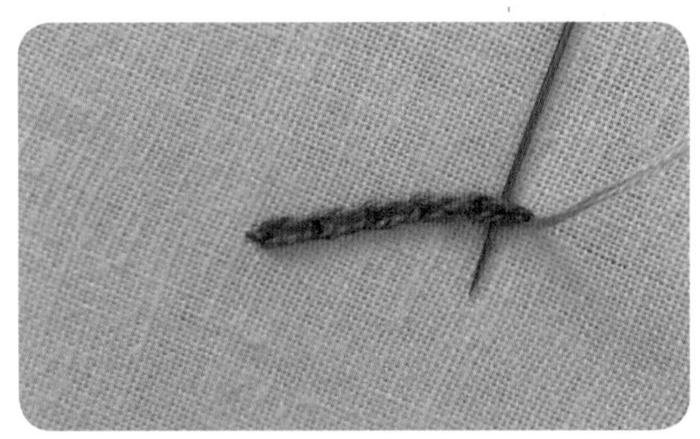

1. 완성된 체인 스티치의 시작점과 같은 위치에서 바늘을 빼서 첫 번째 땀을 실만 통과한다.

2. 수놓은 체인 스티치를 한 땀씩 바늘로 통과한다. 휩 백 스티치 3번 과정과 같이 바늘끝보다 뭉툭한 바늘귀로 통과하고, 통과하는 방향을 끝까지 유지한다.

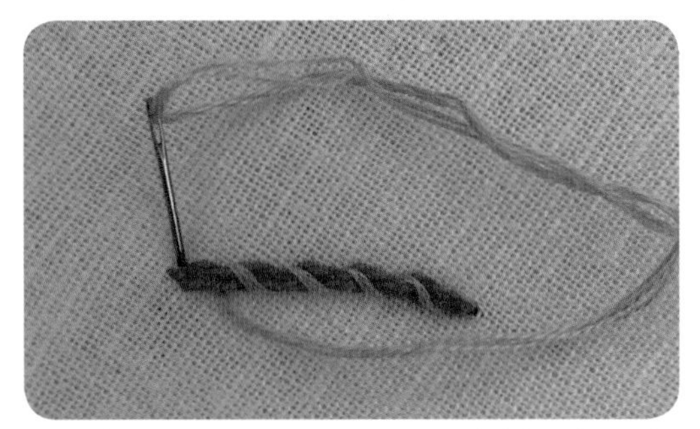

3. 마지막 체인 스티치까지 모두 통과하고 마지막 체인 고리 옆에 바늘을 넣어서 마무리한다.

4. 휩 체인 스티치 완성

새틴 작은 면을 채울 때 사용한다. _ 실을 가지런하게 수놓을수록 좋다.

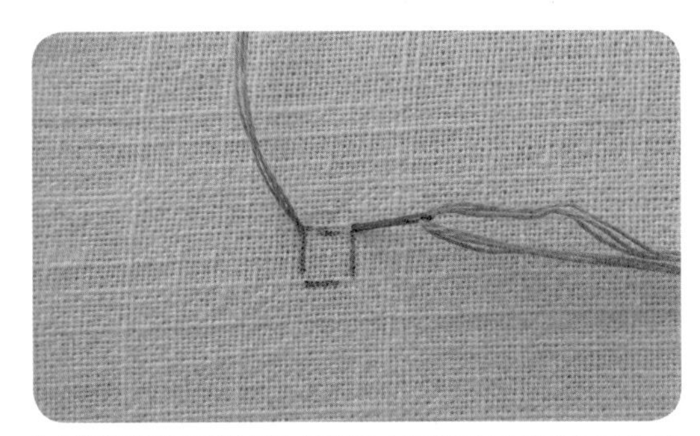

1. 도안의 가장자리에서 바늘을 빼서 스트레이트 스티치를 수놓는다. 옆으로 이동하면서 가지런하게 스트레이트 스티치를 반복한다.

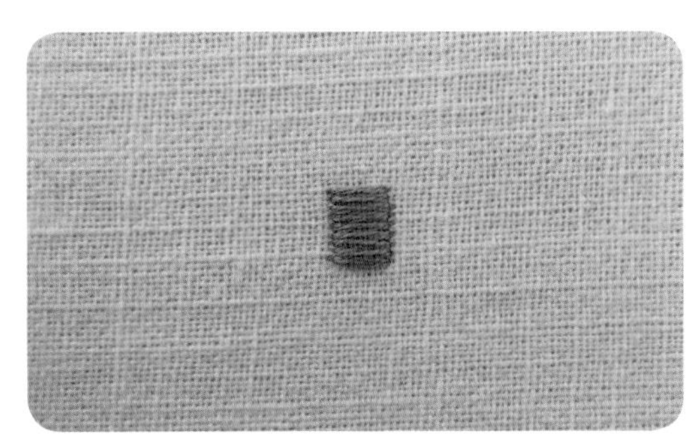

2. 새틴 스티치 완성.

페디드 새틴 볼록한 입체감을 표현하는 스티치

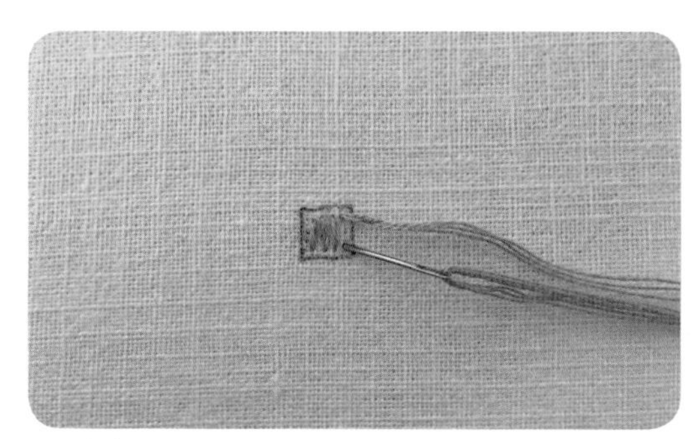

1. 도안 안쪽에 스트레이트 스티치를 나란히 수놓는다.

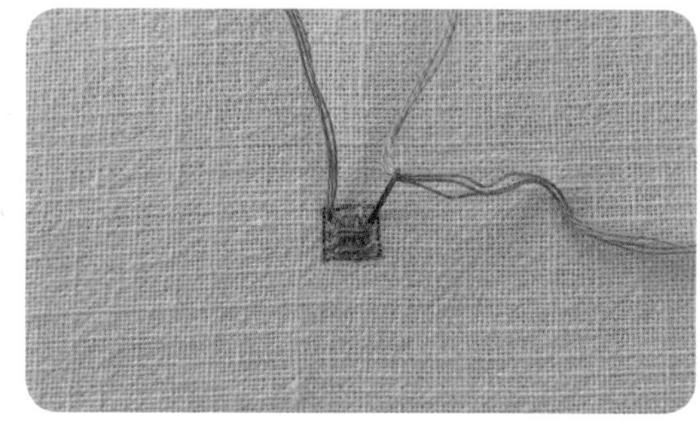

2. 수놓은 스트레이트 스티치와 교차되게 스트레이트 스티치를 수놓는다.

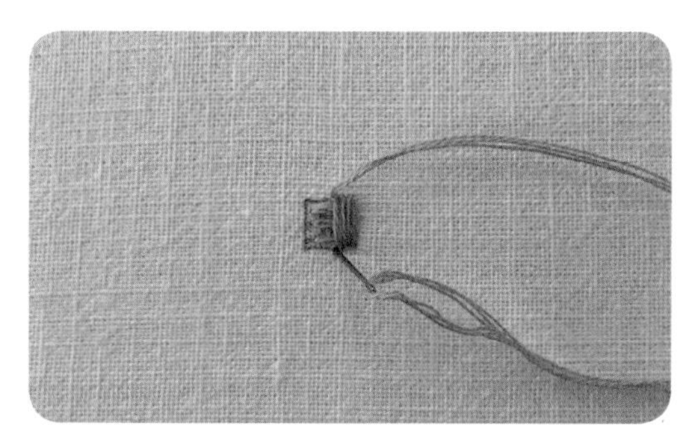

3. 원하는 볼륨감이 될 때까지 가로, 세로로 스트레이트 스티치를 반복하다가 마지막에는 그려진 도안대로 새틴 스티치를 수놓는다.

4. 봉긋한 페디드 새틴 스티치 완성

프렌치넛 매듭을 이용한 스티치 _ 프렌치넛의 크기는 실의 가닥수, 바늘에 실을 감은 횟수에 따라 달라진다.

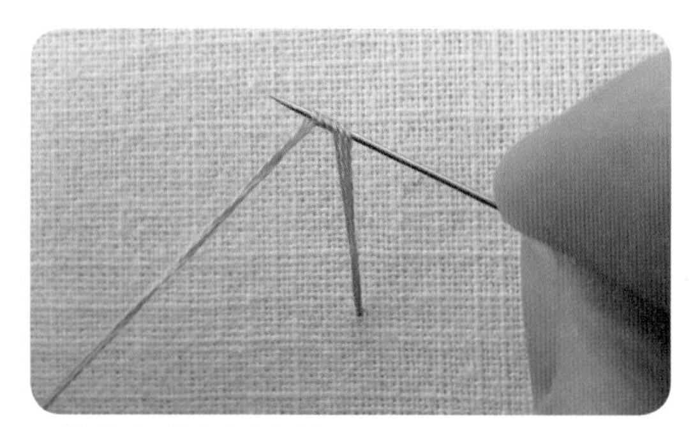

1. 바늘을 빼고 원단에 걸린 실을 바늘에 2~3번 감는다.

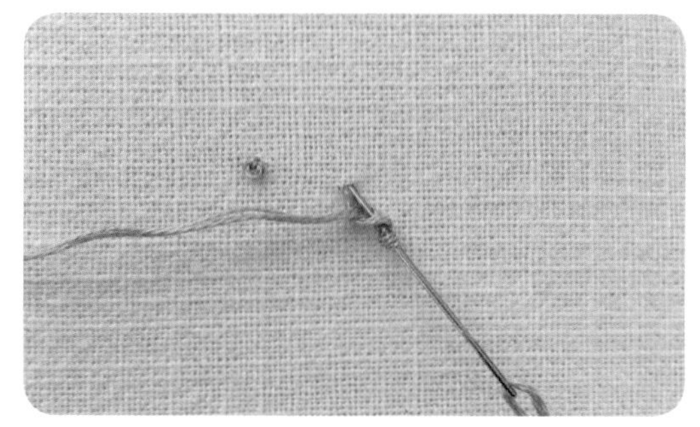

2. 감은 그대로 시작점의 바로 옆에 넣는다.

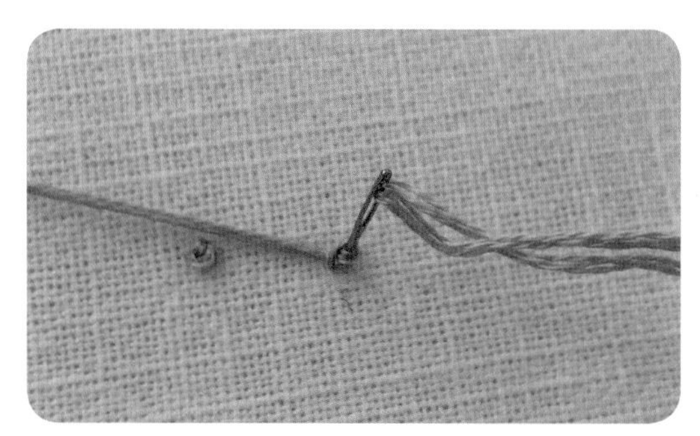

3. 감은 실을 팽팽하게 잡아당겨서 동그랗게 매듭짓는다.

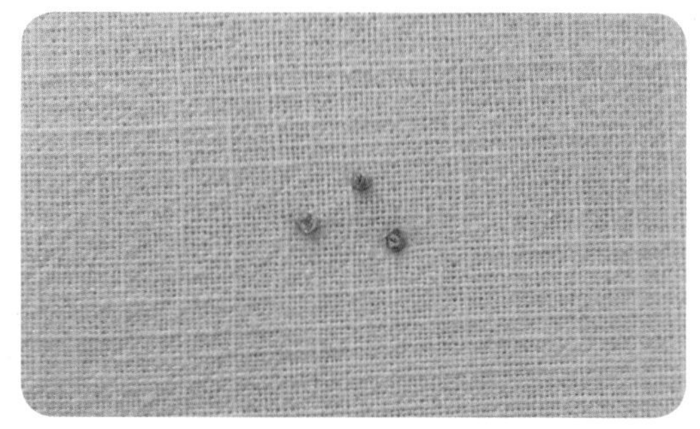

4. 모양을 유지한 채로 바늘을 아래로 내려주면 프렌치넛 스티치 완성

롱 앤 숏 긴 땀(롱)과 짧은 땀(숏)이 반복되면서 넓은 면적을 채우는 스티치

_ 이해하기 쉽도록 1칸=숏, 2칸=롱으로 칸을 그려서 진행한다.

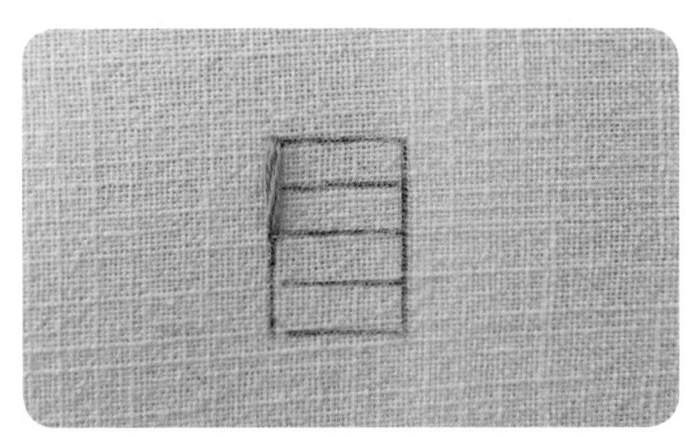

1. 긴 땀(2칸)을 수놓는다.

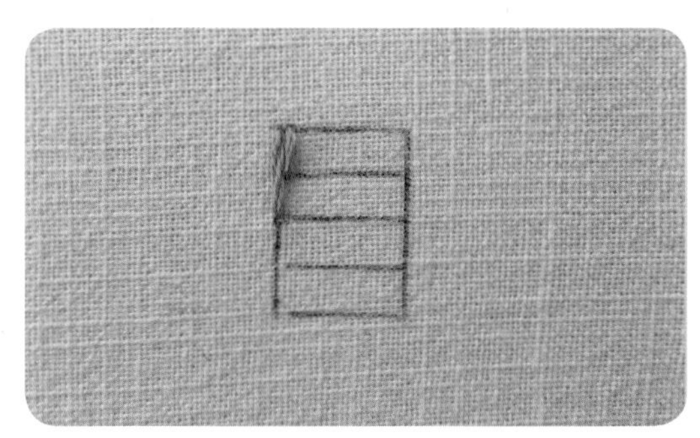

2. 바로 옆에 짧은 땀(1칸) 수놓는다.

3. 1~2번 과정을 반복해서 첫 줄을 모두 수놓는다.

4. 첫 줄의 짧은 땀 바로 아래에 긴 땀을 수놓고 첫 줄의 긴 땀 아래는 패스, 다시 첫 줄의 짧은 땀 아래에 긴 땀을 수놓는다. 빈 공간에 바늘을 넣는 과정으로, 첫 줄을 제외하고는 긴 땀만 넣으면서 점점 면적을 채운다.

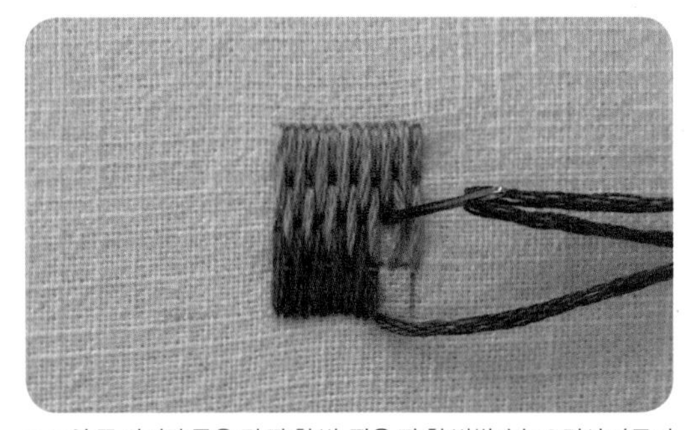

5. 도안 끝 마지막 줄은 긴 땀 한 번, 짧은 땀 한 번씩 수놓으면서 마무리한다.

6. 롱 앤 숏 스티치 완성

스플릿 면과 선을 표현하는 스티치 _ 가늘게 체인 스티치를 한 것처럼 보인다.

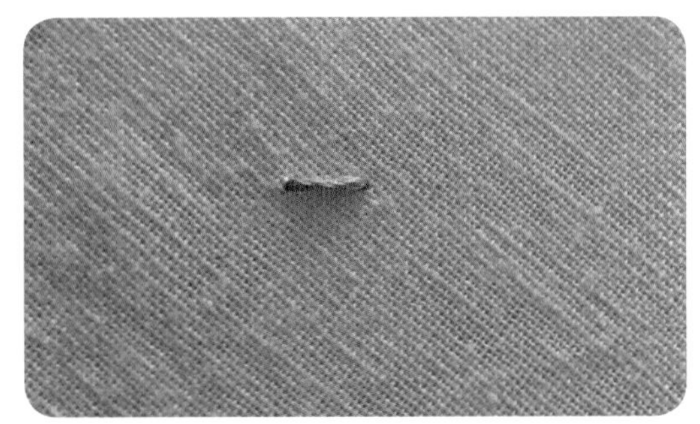

1. 바늘을 빼서 한 땀 이동한다.

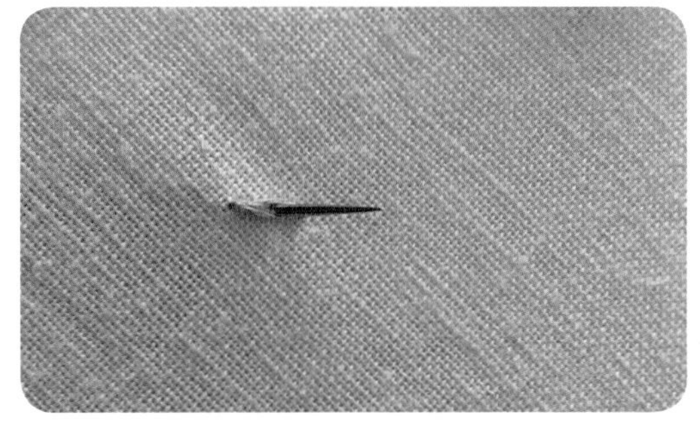

2. 아래에서 실을 꿰면서 바늘을 원단 위로 뺀다.

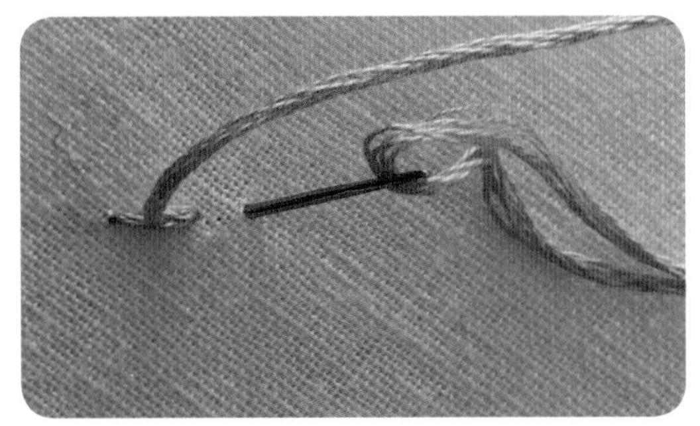

3. 한 땀 앞으로 바늘을 넣는다.

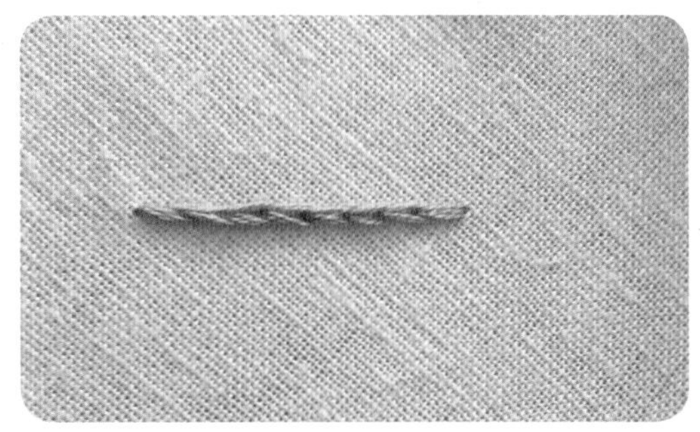

4. 2~3번 과정을 반복하면 스플릿 스티치 완성

백 스플릿

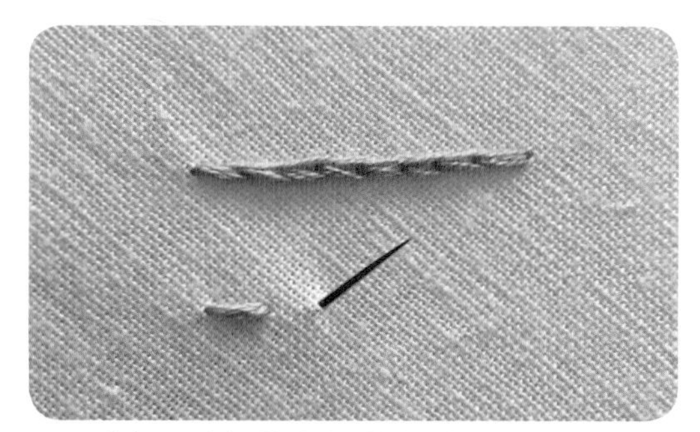

1. 스트레이트 스티치를 한 번 하고 원단 아래로 한 땀 이동해서 바늘을 뺀다.

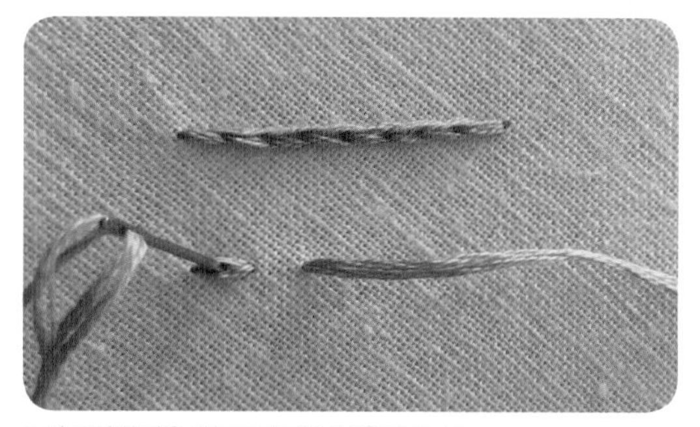

2. 바로 앞의 땀을 바늘로 가르면서 찔러 넣는다.

3. 원단 아래에서 한 땀 이동해서 나오고 바로 앞의 땀을 가르면서 바늘을 찔러 넣기를 반복한다.

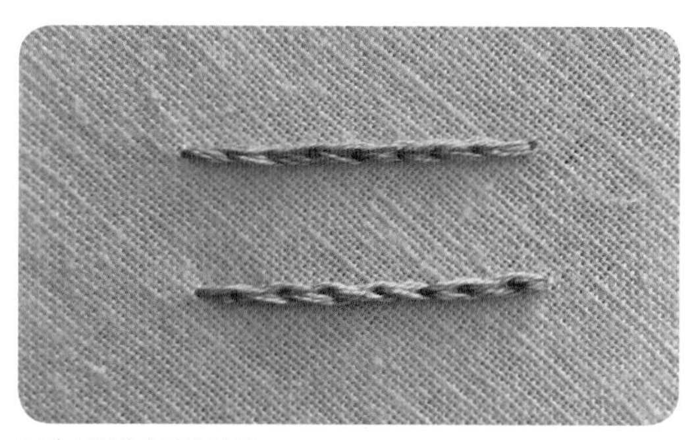

4. 백 스플릿 스티치 완성

플라이 Y자모양의 스티치

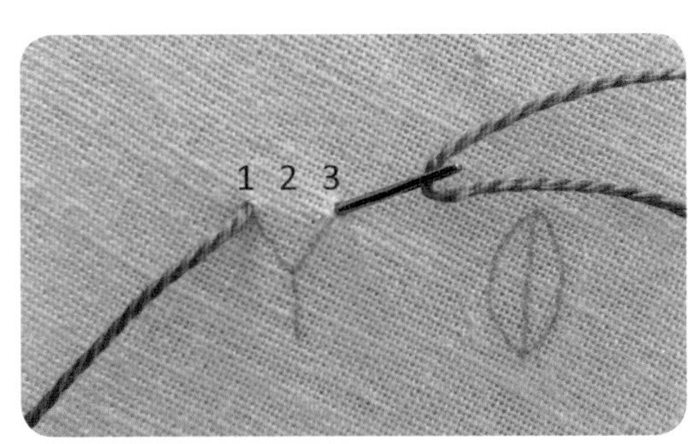

1. 1에서 바늘을 빼 고리를 남기고 3으로 넣는다.

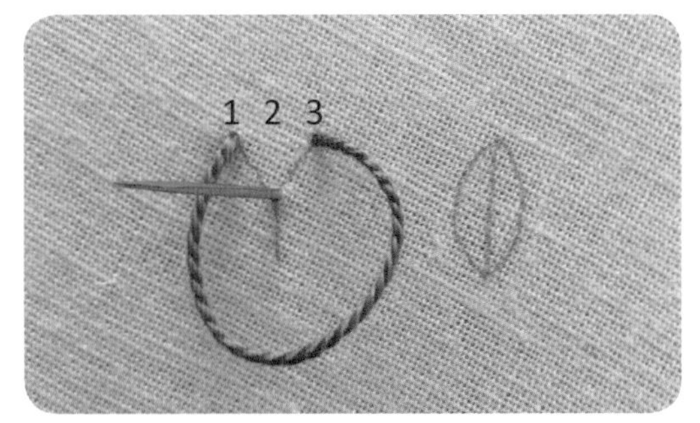

2. 2 아래에서 바늘이 나올 때 고리 안쪽으로 나오게 한다.

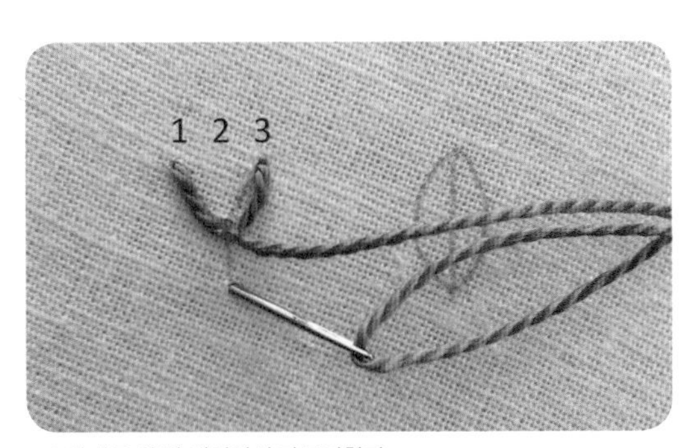

3. 2 아래로 한 땀 내려와서 마무리한다.

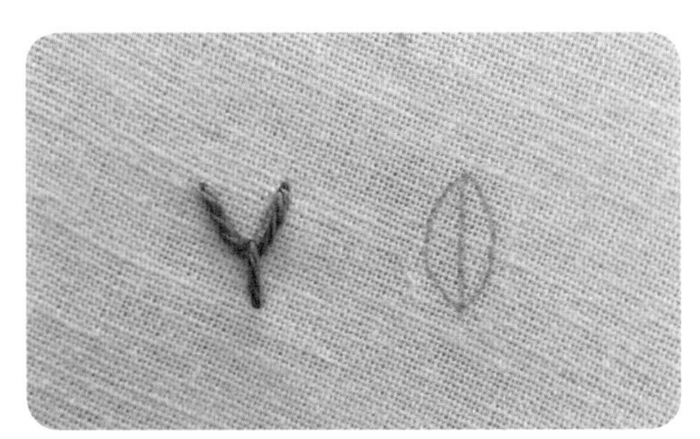

4. Y자모양 플라이 스티치 완성

플라이 리프 플라이 스티치를 이용해 잎모양을 만들 때 사용한다.

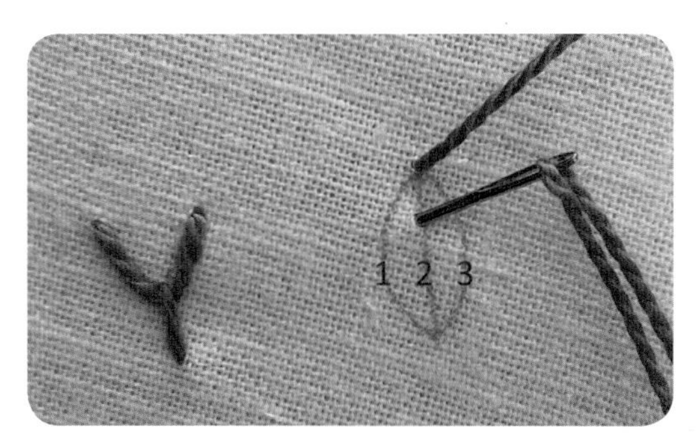

1. 2 위에서 아래로 스트레이트 스티치를 수놓는다.

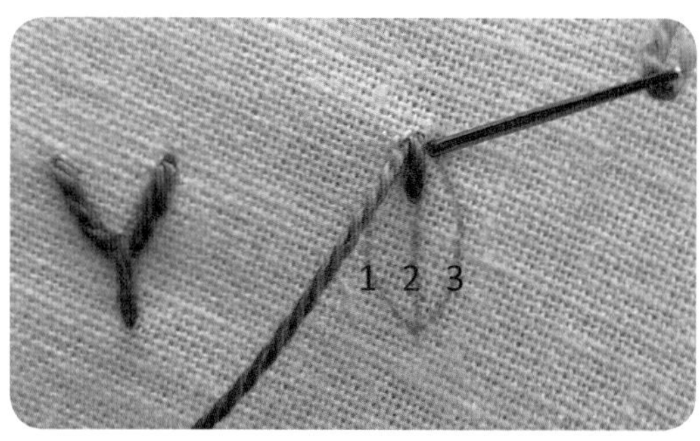

2. 스트레이트 스티치를 사이에 두고 왼쪽 1에서 바늘을 빼 고리를 만들고 오른쪽 3으로 넣는다. 이때 1, 3의 바늘 위치는 스트레이트 스티치의 시작점 살짝 아랫부분이다.

3. 스트레이트의 끝부분과 같은 구멍에서 바늘을 뺀다. 이때 2에서 만든 고리의 위치는 바늘 아랫부분이다.

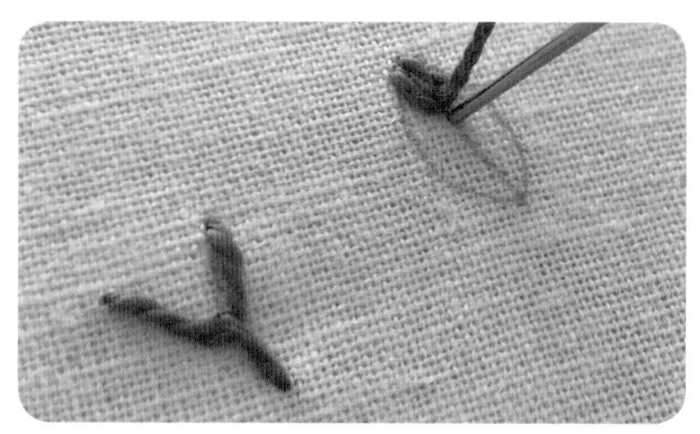

4. 레이지 데이지처럼 고리 바깥쪽으로 바늘을 넣는다.

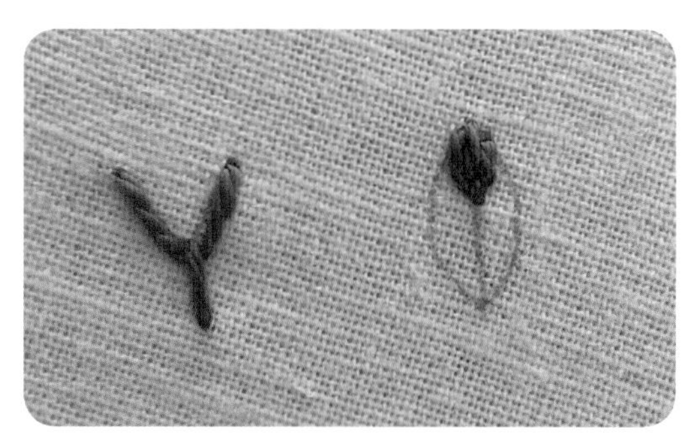

5. 짧고 좁은 모양의 플라이 스티치

6. 그려진 잎의 모양대로 2~4번 과정을 반복하면 완성

페더 플라이 스티치를 교차로 수놓은 모양

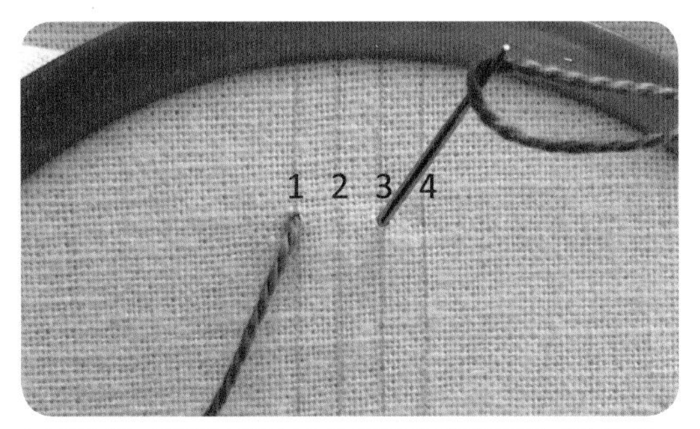

1. 1에서 바늘을 빼서 고리를 남기고 일직선의 3으로 바늘을 넣는다.

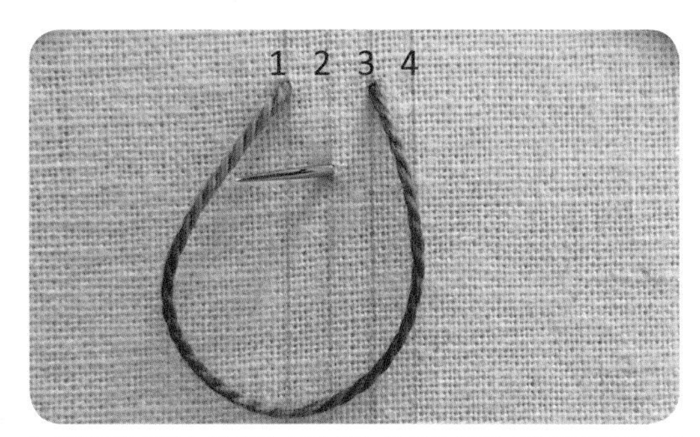

2. 2 아래에서 바늘을 뺀다. 이때 바늘이 고리 안쪽, 2에 위치하도록 한다.

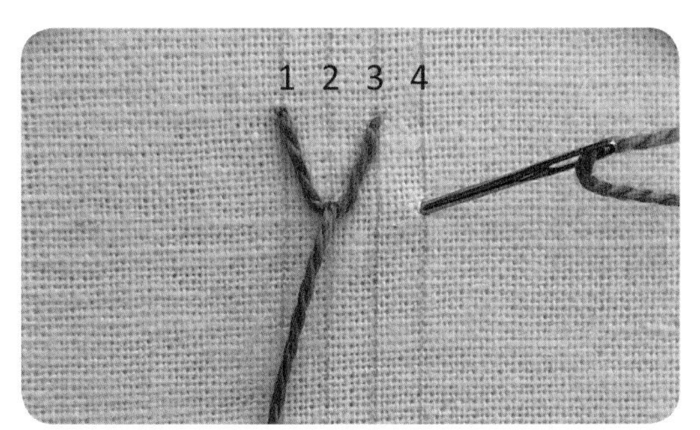

3. 2에서 나온 바늘은 고리를 남기고 일직선의 4로 넣는다.

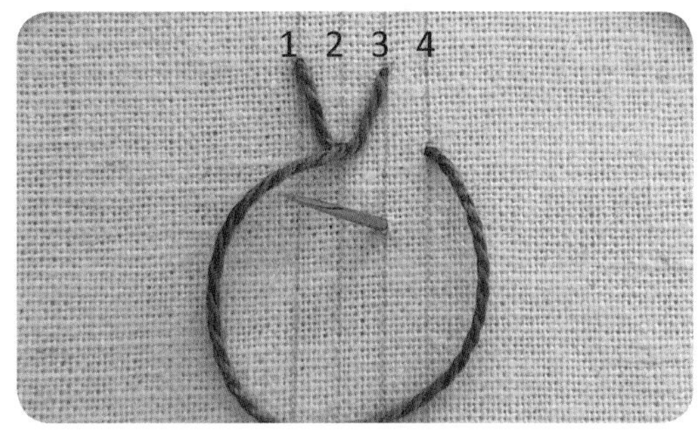

4. 3 아래에서 바늘을 빼는데 이때 만들어진 고리 안쪽에서 뺀다. 현재 바늘의 위치는 3이다.

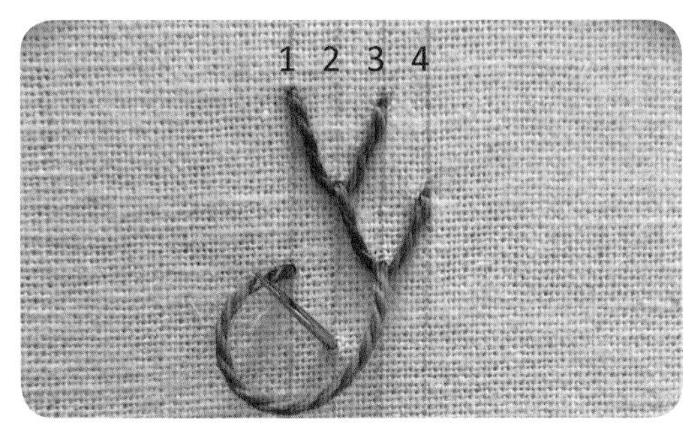

5. 3에서 고리를 남기고 뺀 바늘을 일직선의 1로 넣고, 만들어진 고리 안쪽으로 2 아래에서 바늘을 뺀다.

6. 3에서 나와서 1로, 2에서 나와서 4로 넣기를 반복하면 페더 스티치 완성

체인드 페더 페더 스티치와 레이지 데이지 스티치가 합쳐진 무늬

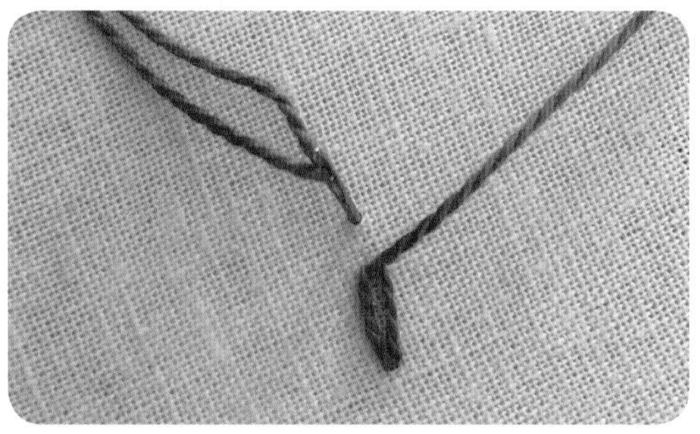

1. 레이지 데이지를 수놓는다. 이때 고리를 고정하는 스트레이트를 길게 수놓는다.

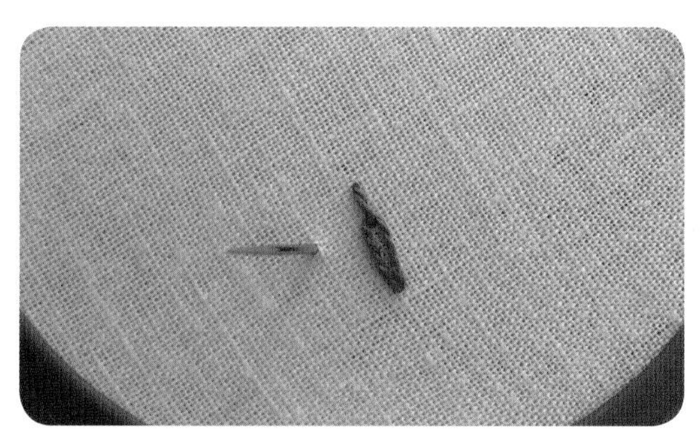

2. 첫 번째 레이지 데이지 시작점의 사선 위 지점에서 바늘을 뺀다.

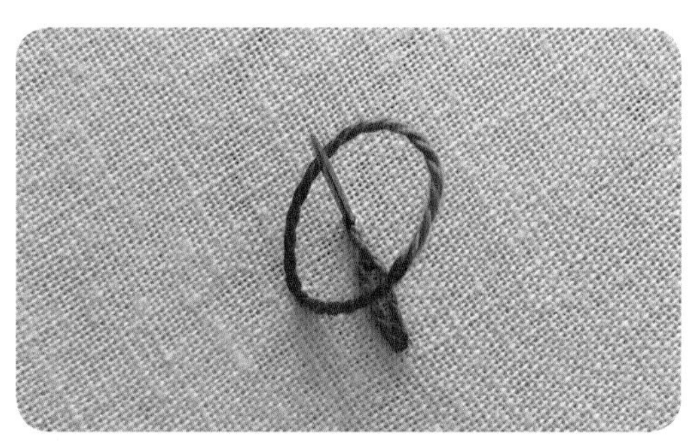

3. 레이지 데이지를 수놓는다. 이때 바늘이 나오는 위치는 첫 번째 레이지 데이지의 끝 땀과 같은 구멍이다.

4. 스트레이트 스티치를 길게 해서 레이지 데이지를 고정한다. (1번 과정과 동일)

5. 2~4번 과정을 반복한다.

6. 체인드 페더 스티치 완성

플랫 나뭇잎무늬 스티치

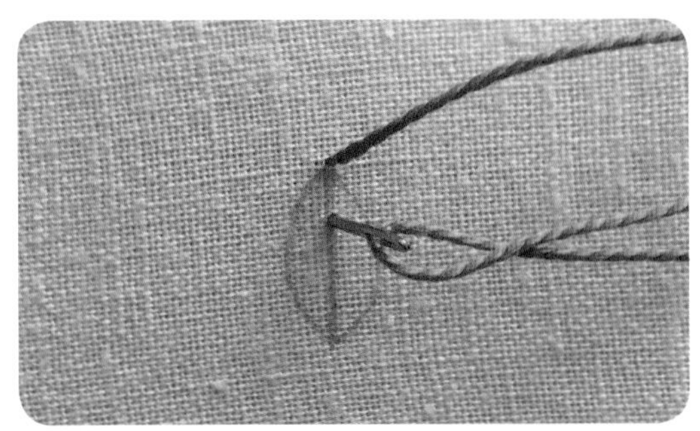

1. 위에서 바늘을 빼서 아래로 스트레이트를 수놓는다. 이 스트레이트 스티치를 기준으로 삼아 오른쪽 왼쪽을 구분한다.

2. 스트레이트 왼쪽 위에서 바늘을 빼서 오른쪽 아래로 바늘을 넣는다.

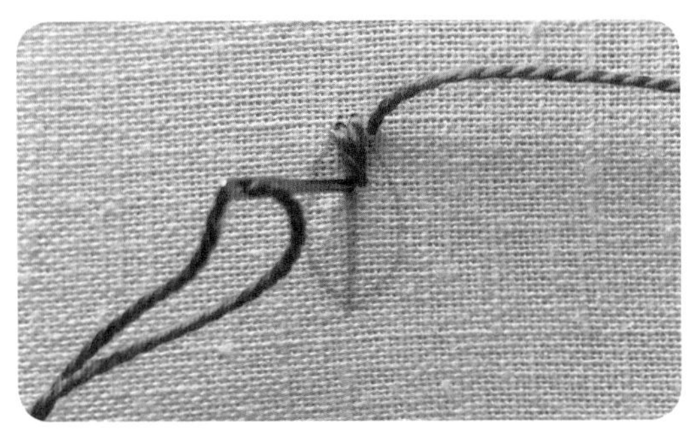

3. 스트레이트 오른쪽 위에서 바늘을 빼서 왼쪽 아래로 바늘을 넣는다.

4. 그려진 도안대로 점점 아래로 내려오면서 2~3번 과정을 반복하면 플랫 스티치 완성.

블리온 감겨진 실이 원단 위에 입체감 있게 놓인 모양 _ 바늘에 실을 균일하게 감되, 너무 세게 감지 않는 것이 포인트.

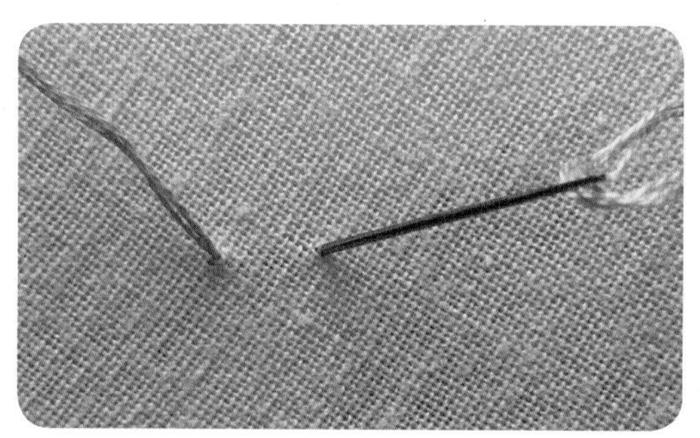

1. 바늘을 빼서 한 땀 옆에 바늘을 넣는다.

2. 바늘을 첫 번째 바늘을 뺐던 지점으로 뺀다. 이때 바늘을 끝까지 빼는 것이 아니라 한 땀 뜬다는 느낌으로 원단에 걸쳐 있게 한다.

3. 바늘을 살짝 들어서 실을 감는다.

4. 한 땀 뜬 길이만큼 감아주면 완성. 살짝 휜 블리온 스티치를 수놓고 싶다면 실을 조금 더 감아준다.

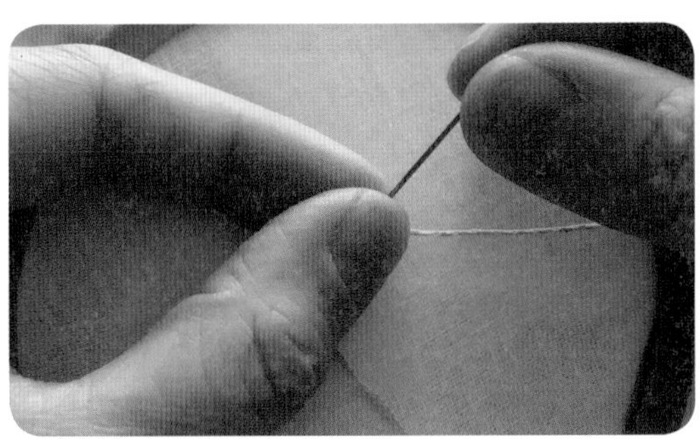

5. 감은 실이 빠져나오지 않게 잘 잡아준 상태에서 반대편 손으로는 바늘을 잡아서 위로 뺀다. 바늘만 빠져나와야 한다.

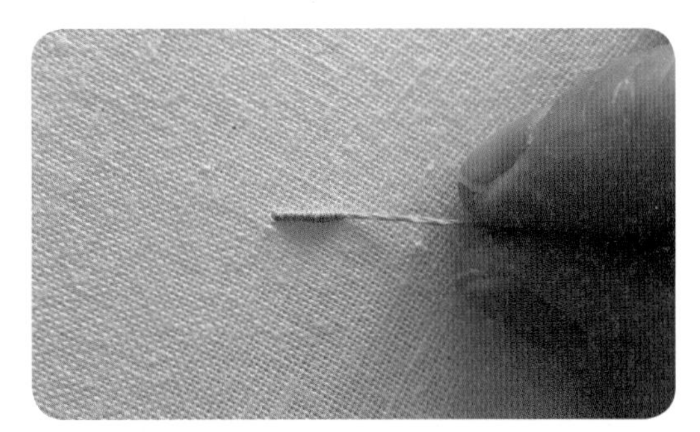

6. 실을 살짝 잡아당기면서 감은 실들을 가지런하게 정리한다.

7. 블리온 스티치가 마무리된 지점에 바늘을 아래로 찔러 넣는다.

8. 블리온 스티치 완성

카우칭 실을 길게 수놓고 중간중간 고정해주는 스티치 _ 두 가지 실을 준비한다.

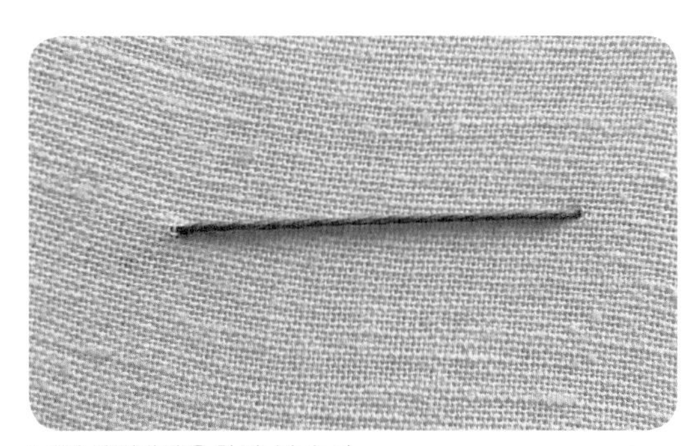

1. 1번 실(빨간색)을 한 땀 수놓는다.

2. 2번 실(하늘색)을 걸고 수놓은 1번 실에 바짝 붙여서 바늘을 빼서 바늘을 뺀 반대쪽으로 찔러 넣는다. 2번 실이 1번 실을 감싼 형태가 된다.

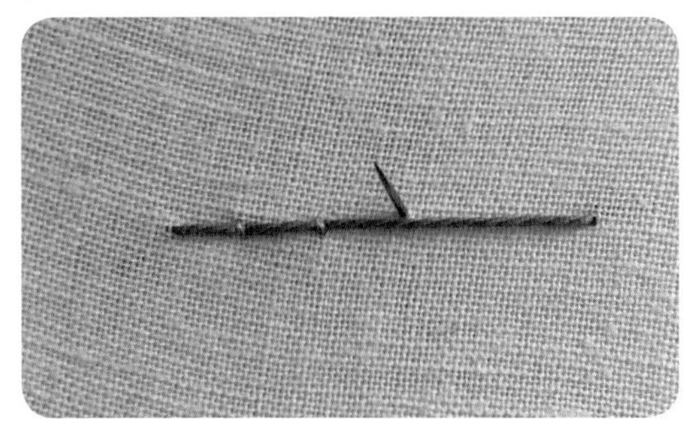

3. 1번 실의 끝까지 간격을 유지하면서 스트레이트로 고정한다.

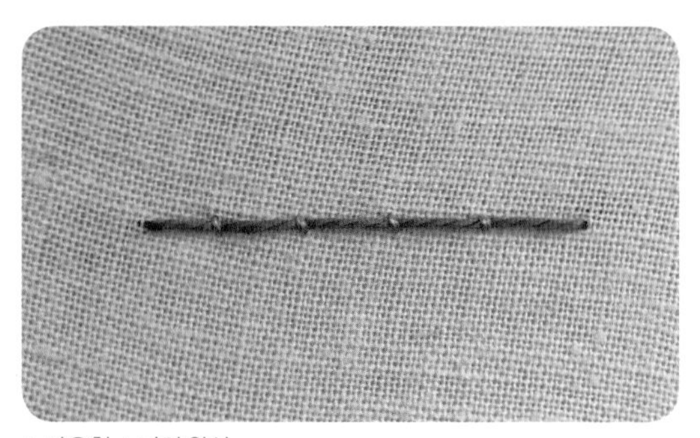

4. 카우칭 스티치 완성

바스켓 바구니모양 스티치 _ 우븐 필링 스티치라고도 한다.

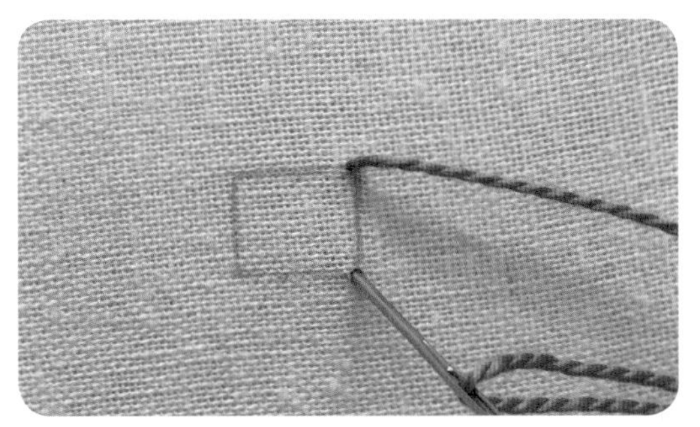

1. 도안의 가장자리에서 세로로 스트레이트 스티치를 수놓는다.

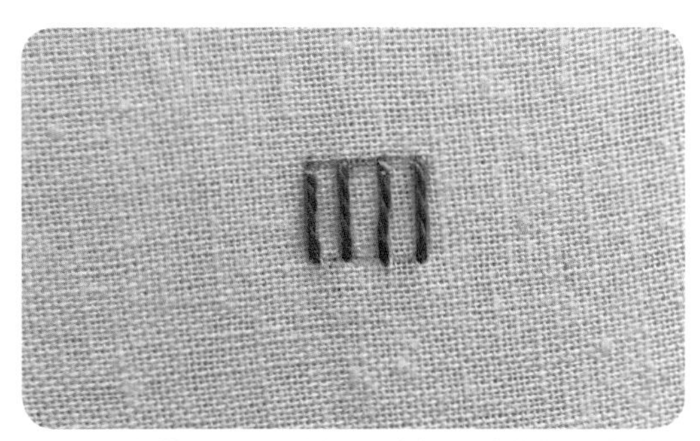

2. 일정한 간격을 두고 스트레이트 스티치를 도안 반대쪽까지 수놓는다.

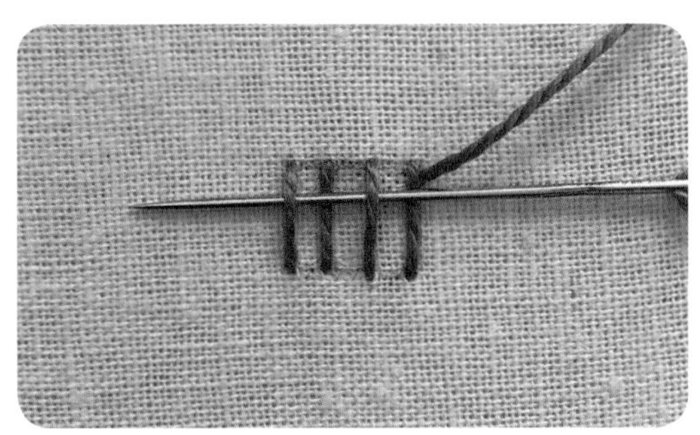

3. 만들어놓은 세로 라인의 첫 번째 줄 바로 옆에서 바늘을 빼서 가로로 실을 통과한다. 이때 세로 라인을 하나씩 엇갈리게 바늘을 통과한다. (위-아래-위-아래)

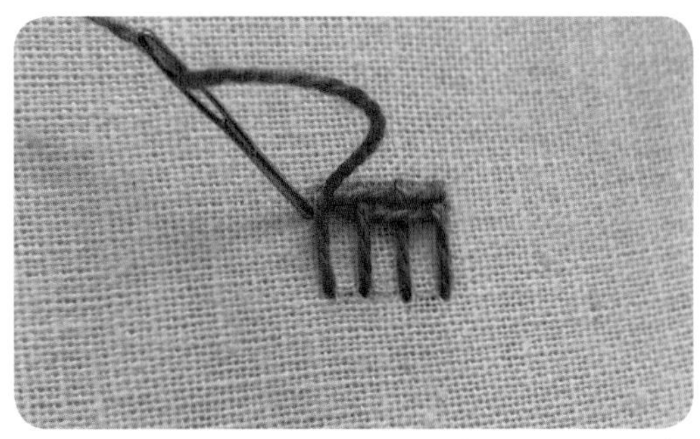

4. 세로 라인의 끝까지 모두 통과하면 세로 라인 마지막 줄 바로 옆에 바늘을 넣어 마무리한다. (가로 라인의 시작과 끝은 일직선이 되어야 한다.)

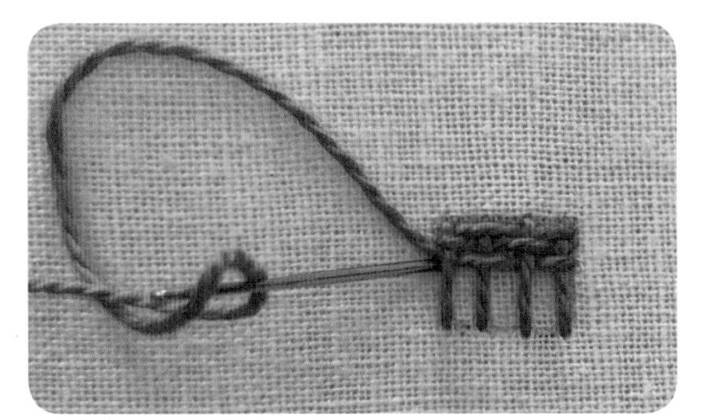

5. 세로 라인 기둥이 안 보일 때까지 3~4번 과정을 반복한다. 바로 앞 가로 라인과 반대로 통과한다.(첫째 줄: 위-아래-위-아래, 둘째 줄: 아래-위-아래-위, 셋째 줄: 위-아래-위-아래)

6. 바스켓 스티치 완성

카우치드 트렐리스 격자모양 스티치 _ 두 가지 실을 준비한다.

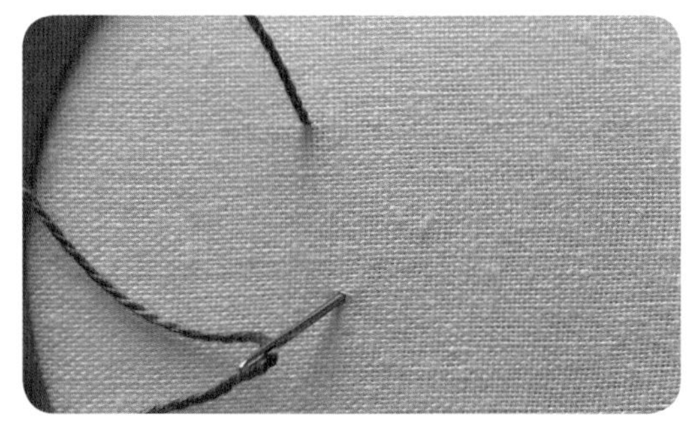

1. 스트레이트 스티치를 세로로 수놓는다.

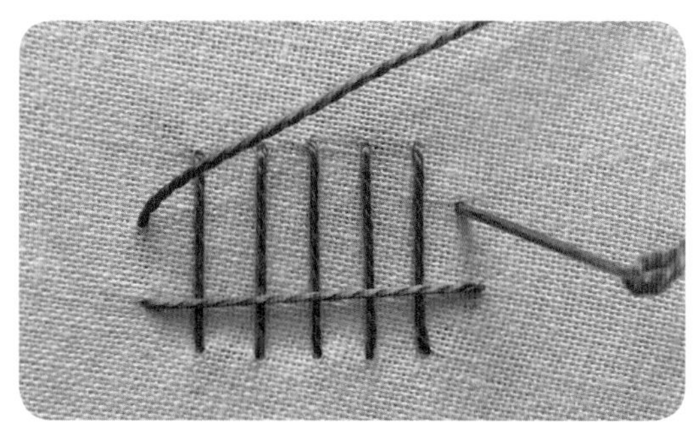

2. 세로 스트레이트를 가로 스트레이트로 덮는다.

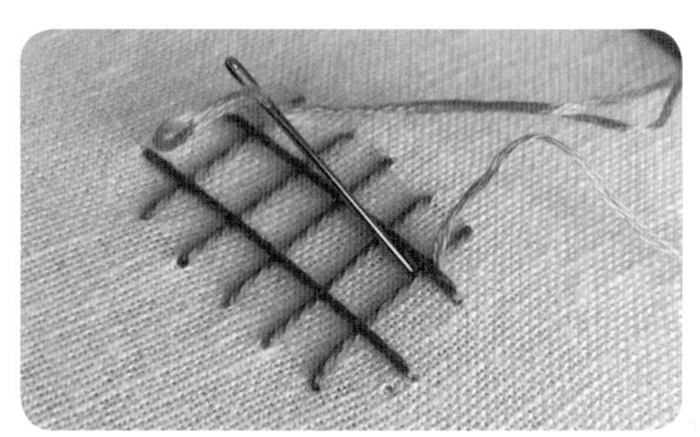

3. 가로 세로가 교차되는 부분을 스트레이트나 크로스 스티치로 고정한다.

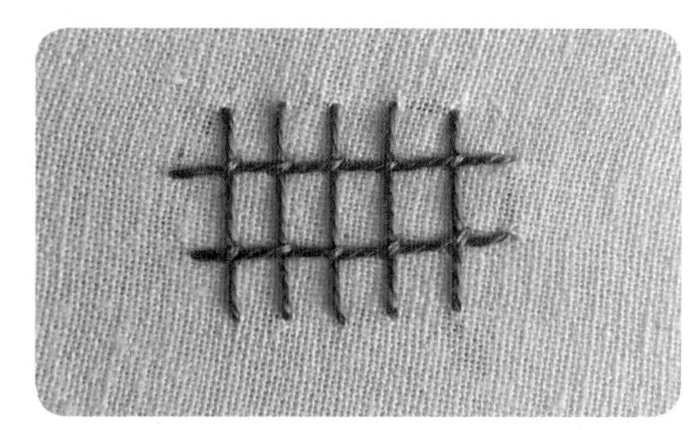

4. 스트레이트 스티치로 고정한 카우치드 트렐리스 완성

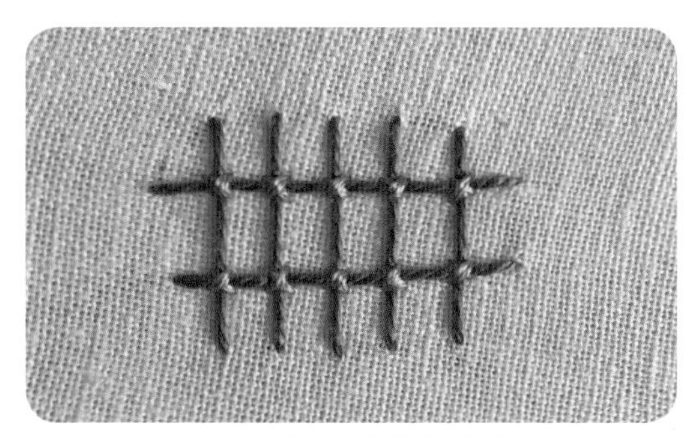

5. 크로스 스티치로 고정한 카우치드 트렐리스 완성

터키(스미르나 스티치) 마지막에 실을 컷팅하여 털실 같은 느낌을 줄 때 사용하는 스티치

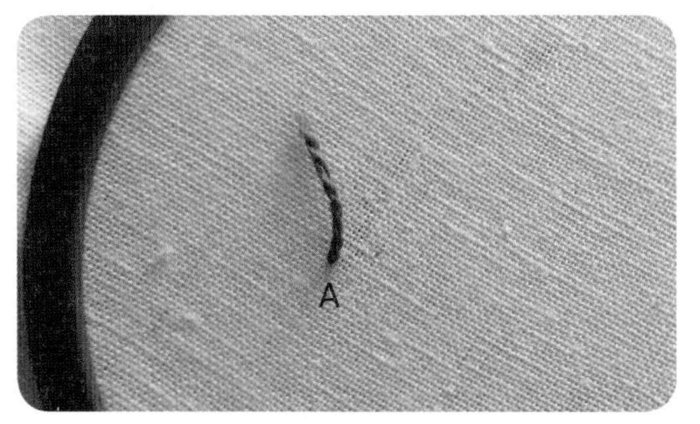

1. 매듭짓지 않고 시작한다. 바늘을 원단 위에서 아래로 넣는다. (A)

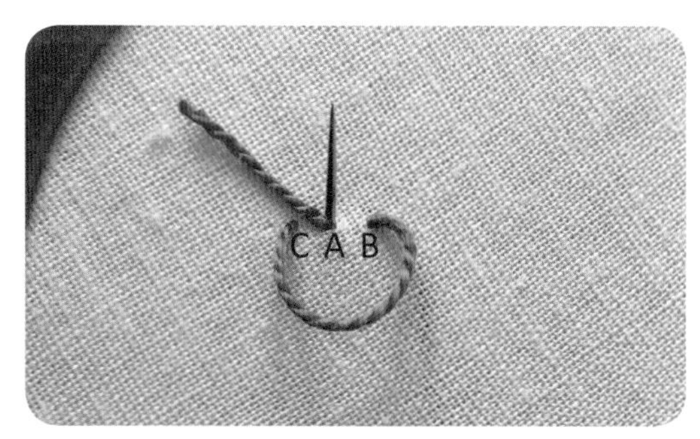

2. 한 땀 앞 B에서 바늘을 빼 시작점의 반대쪽 C로 바늘을 넣고 A로 바늘을 뺀다.

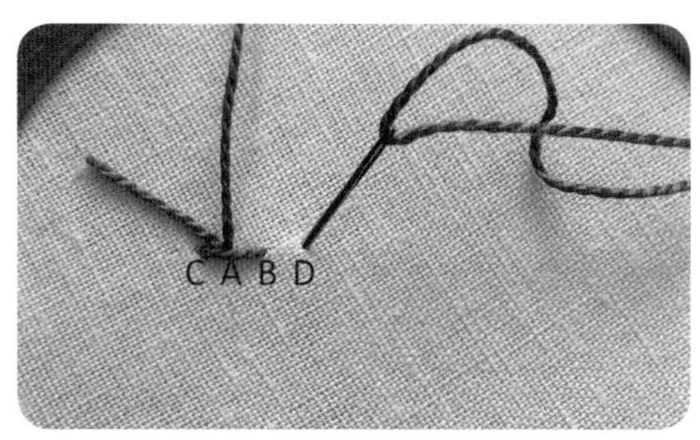

3. 한 땀 앞 D로 바늘을 넣는다. (고리 만들기)

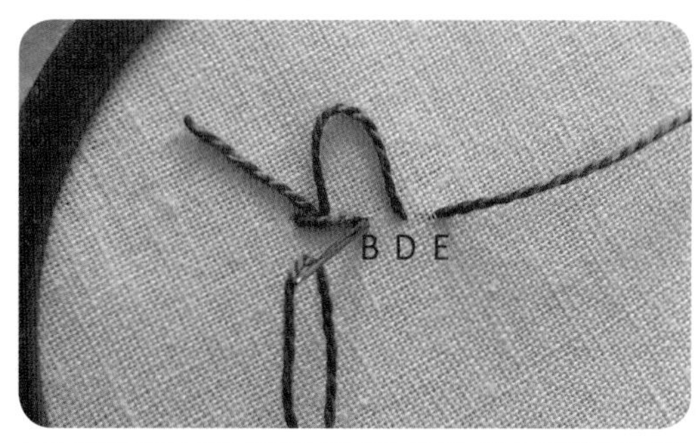

4. 한 땀 앞 E에서 바늘을 빼서 B로 바늘을 넣는다. (고정하기) 3~4번, 고리 만들기와 고정하기 과정을 반복한다.

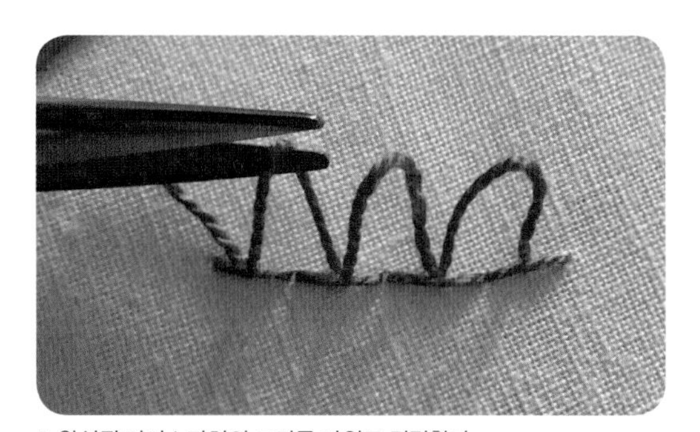

5. 완성된 터키스티치의 고리를 가위로 컷팅한다.

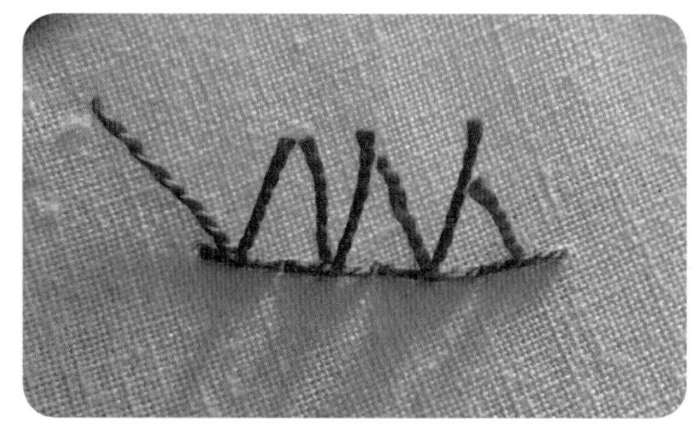

6. 터키 스티치 완성

디태치드 블랭킷 블랭킷 스티치를 변형한 스티치

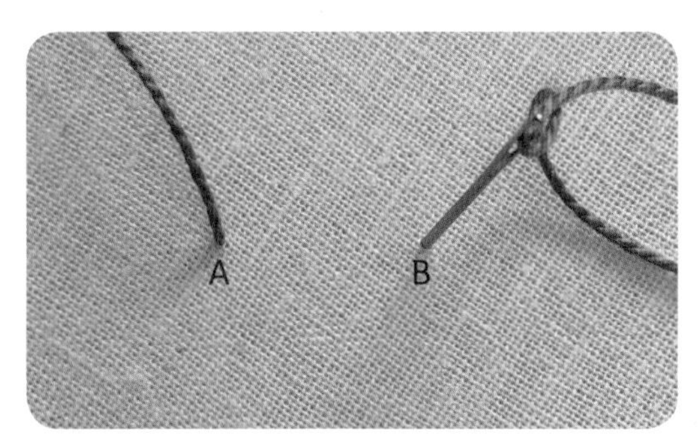

1. A에서 B로 한 땀 이동한다.

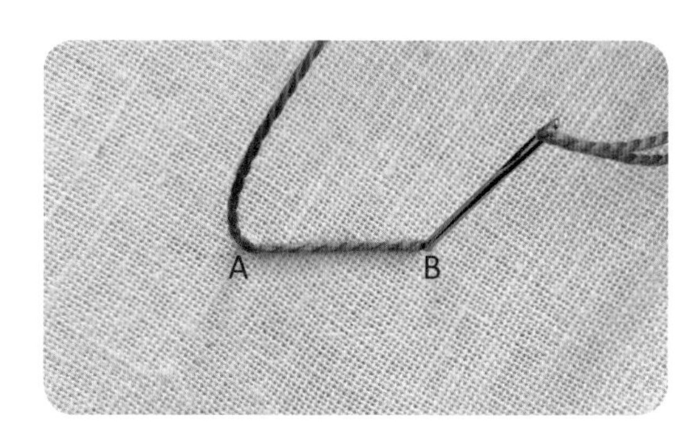

2. 1번 과정을 반복한다. (스트레이트 스티치 2번)

3. A의 살짝 아랫부분으로 바늘을 뺀다.

4. 만들어놓은 스트레이트 스티치 밑으로 바늘을 통과시키고 실은 바늘 밑으로 통과시킨다.

5. 실을 잡아당겨서 스트레이트 스티치에 감기도록 한다.

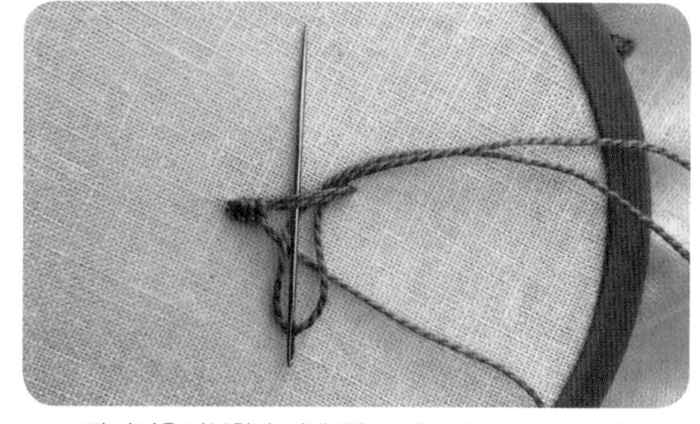

6. 4~5번 과정을 반복한다. 이때 바늘끝이 아니라 바늘귀의 뭉툭한 부분으로 통과하면 실이나 원단을 꿰는 일 없이 좀 더 수월하게 통과할 수 있다.

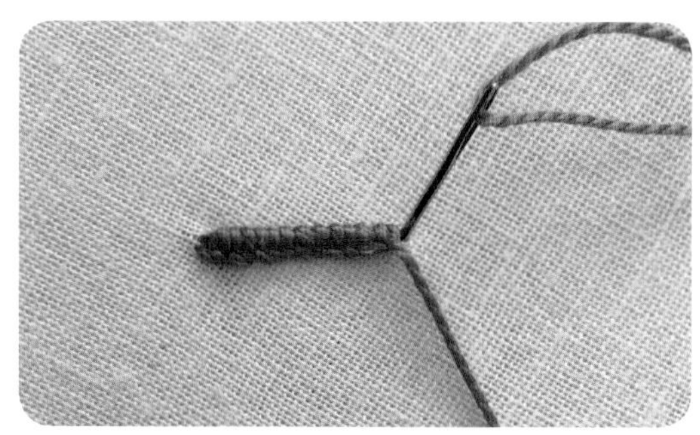

7. 스트레이트 스티치를 모두 감아주고 마무리는 스트레이트 스티치 끝부분에 넣는다.

8. 디태치드 블랭킷 스티치 완성

Part 2

초록과 함께하기

작은 정원 만들기
가드닝

알로카시아

길게 뻗은 줄기 끝에
잎이 한 장씩 자라나는 알로카시아는
초록초록한 색감이 참 예뻐요.

수놓는 법 88p

물꽂이

초보자가 도전하기 쉬운 물꽂이를 수놓았어요.
화병과 잘 어울리는
다양한 식물로 매치해보세요.

수놓는 법 90p

선인장과 다육이

조그마한 식물들이 모양도 제각각.
작은 선인장과 다육이는
올망졸망 모여 있는 모습이 참 귀엽죠.

❀ 수놓는 법 92p

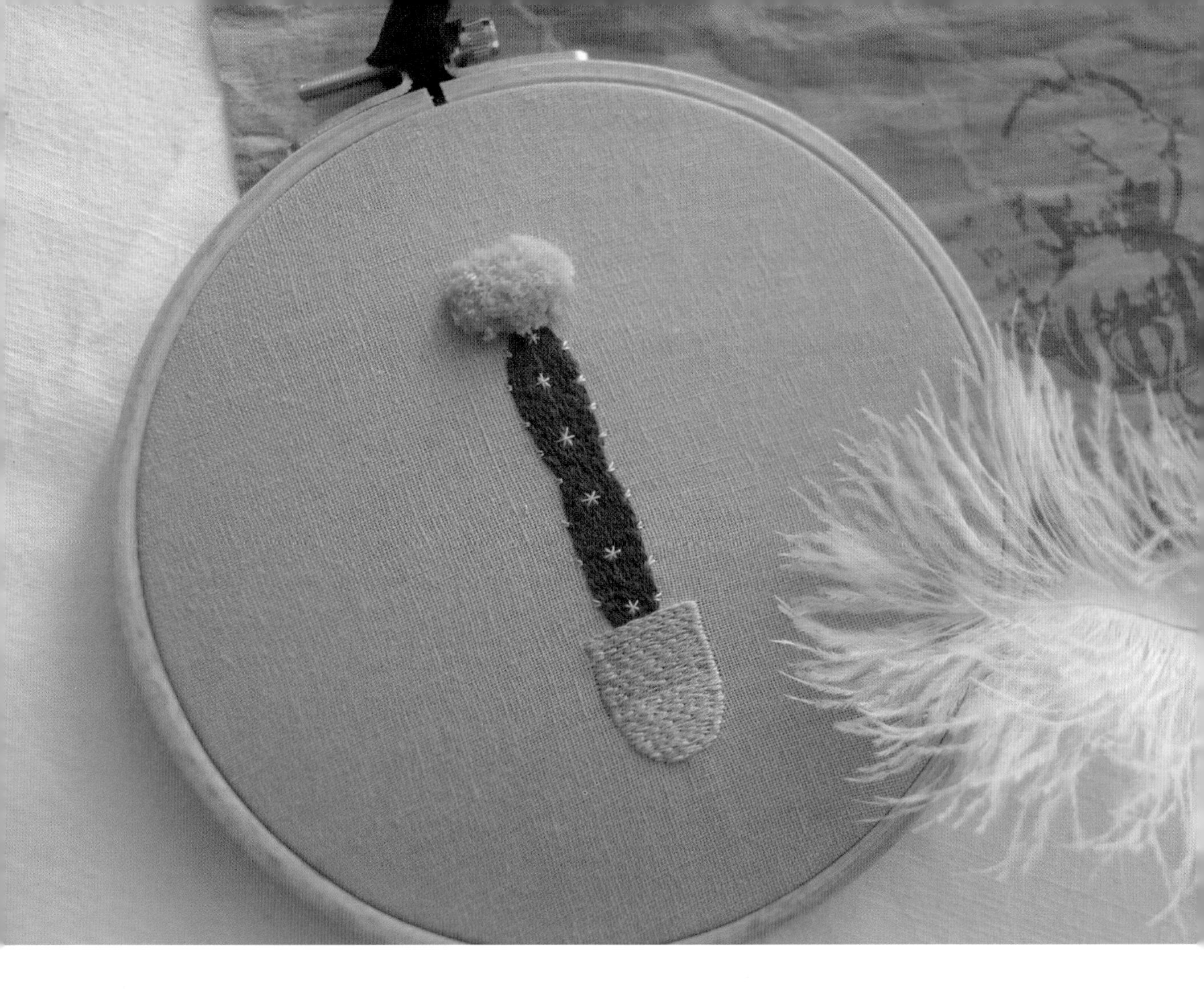

밍크선인장

✿ 수놓는 법 100p

고급스러운 자태를 뽐내는 선인장.
보들보들 은백색 털가시를
풍성하게 수놓은 모습이 꼭 베레모 같아서
우리 집 선인장에도 귀여운 모자를 얹어줬어요.

테라리움

선인장과 다육이를 한데 모아
테라리움을 만들었어요.
식물들 사이에 작은 돌멩이나 피규어로
나만의 정원, 나만의 숲을 꾸며보세요.

청귤나무

청량감이 느껴지는 초록 식물 청귤.
온통 초록인 청귤나무에는
색이 주황으로 변한 귤을 수놓아
상큼함을 더했어요.

수놓는 법 104p

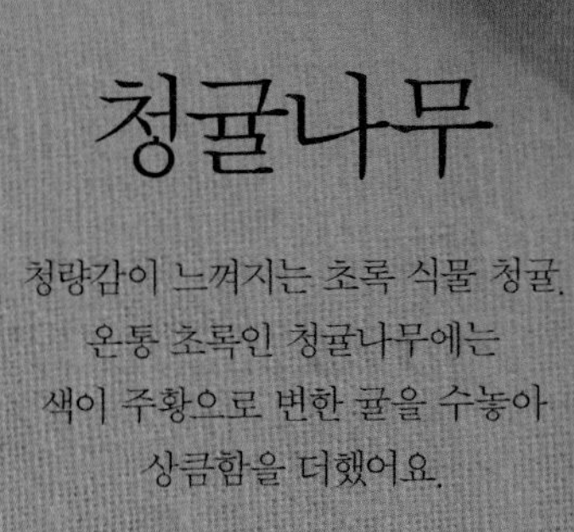

식물이 있는
집
플랜테리어

극락조

시원하게 뻗은 줄기와
짙은 초록 잎이 인상적인 극락조.
그 옆에 자그마한 필레아페페도 참 귀엽죠?
이 두 식물은 어느 공간에나 잘 어울리는
플랜테리어 대표 식물이에요.

✿ 수놓는 법 108p

필레아페페

동글동글한 잎이 귀여운 필레아페페.
여린 잎은 싱그러운 초록,
조금 자라난 모습은 짙은 초록이
돋보이는 식물이에요.

❀ 수놓는 법 110p

화분픽 만들기

1. 화분픽은 메탈, 우드, 플라스틱 등 소재가 다양하다.
   구하기 쉬운 소재로 준비해 펠트 뒷부분에
   글루건이나 바느질로 픽을 고정시킨다.

2. 펠트에 원단용 풀로 수놓은 원단을 붙인다.

3. 식물 이름을 적어 연결하면 화분픽 완성

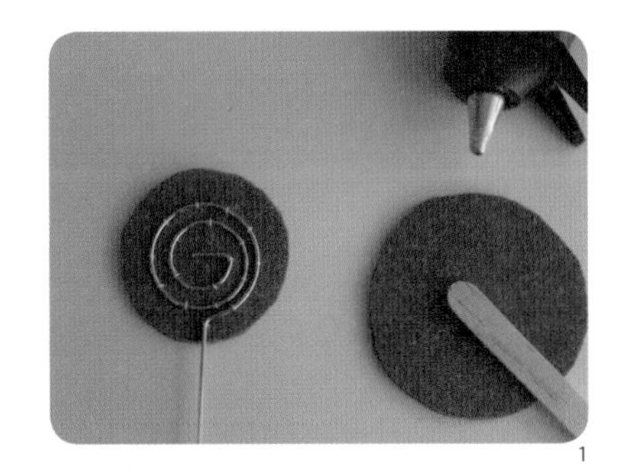

1

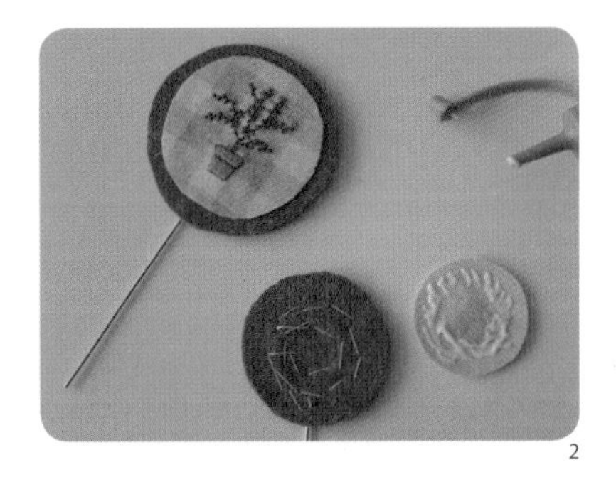

2

3

거북알로카시아와 마오리소포라

거북이 등껍질처럼 생긴 거북 알로카시아는
길쭉한 가운데에 생긴 흰색 무늬가 포인트.
소인국에서 본 듯 친숙한 마오리소포라는
앙증맞은 잎이 사랑스러워요.

✿ 수놓는 법 112p

행잉플랜트와 마크라메

천장과 벽에 매달린 행잉플랜트와 마크라메.
허전한 공간에 초록 생명을 불어넣어줘요.
아이 때문에 바닥에 화분을 놓지 못할 때
플랜테리어 아이템으로 추천합니다.

❀ 수놓는 법 114, 116p

행잉플랜트로 백참을 만들었어요.
수수한 플랜트 자수는
어떤 에코백과도 잘 어울린답니다.

백참 만들기

1. 수놓은 원단, 무지 원단을 한 장씩 준비한다.

2. 원단의 겉끼리 서로 맞대고 창구멍을 남기고
   테두리를 박음질한다. 이때 원단 사이에 끈을
   미리 끼워놓고 박음질한다.

3. 접착 솜을 붙이고 창구멍으로 원단을 뒤집는다.

4. 모양을 정리하고 창구멍을 공구르기로 막아 완성한다.

1

2

3

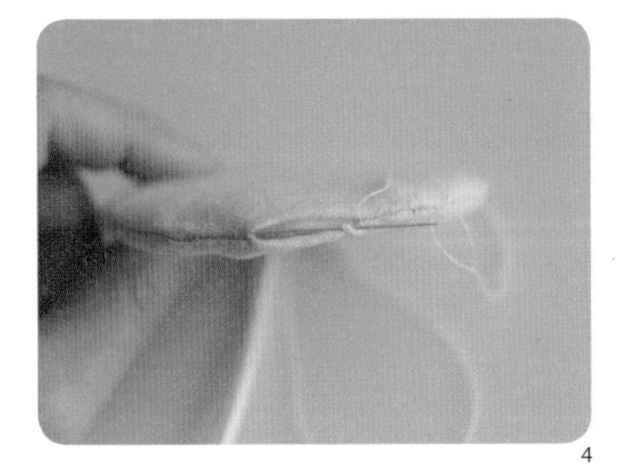
4

편안한 인테리어로 마음에 드는 공간에 가면
천장이나 벽에 매달린 식물들이
어김없이 공간 한 곳을 장식하고 있죠.
카페 같은 홈 인테리어 아이템으로도 적극 추천해요.

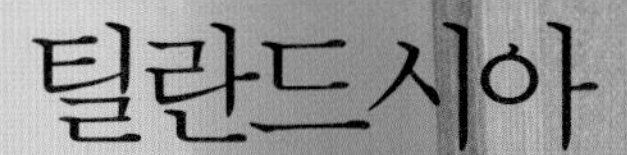

틸란드시아

수염처럼 축 늘어진 모습 때문에
수염 틸란드시아라고도 불리는 이 아이는
주변에서 가장 쉽게 볼 수 있는 행잉플랜트에요.

❀ 수놓는 법 118p

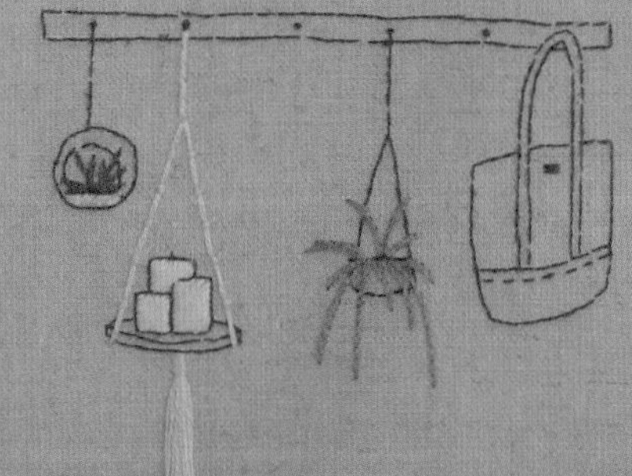

공중식물

우드 벽걸이와 공중 식물, 리넨 에코백은
언제나 잘 어울리는 조합.
우리 집 벽 인테리어의 한 부분을
그대로 수놓았어요.

❀ 수놓는 법 120p

덩굴리스

❀ 수놓는 법 122p

문 앞에 걸어두면 행운을 가져다준다는 리스.
봄에는 노란 미모사, 여름엔 청량한 아이비가 좋고요.
가을바람에 흔들리는 갈대,
하얀 눈 속에서 더 돋보이는 빨간 열매는
겨울 리스의 포인트.

복주머니에 리스 하나 수놓으면
나만의 리스파우치가 완성돼요.

팜파스

가을이면 어김없이 떠오르는 갈대.
실 색깔을 핑크색으로 바꾸면
사랑스러운 핑크뮬리도 만들 수 있어요.

✿ 수놓는 법 124p

크리스마스트리

겨울이 찾아오면 캐럴을 들으며
크리스마스트리 꾸미는 게 연중행사지요.
아이도 어른도 행복해지는 순간이랍니다.

✿ 수놓는 법 126p

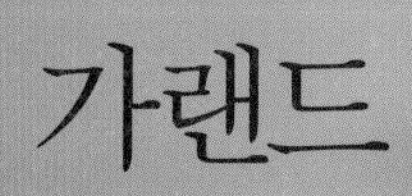

가랜드

초록 천 위에 하얀 가랜드를 수놓아
캔들 홀더를 만들었어요.
계절과 잘 어울리는 컬러를 활용하는 것이 팁!

수놓는 법 128p

캔들홀더 만들기

1. 수놓은 원단을 캔들 세로 길이보다 짧게,
   둘레보다 약 2cm 정도 여유 있게
   잘라서 준비한다.

2. 캔들을 감싸고 원단을 연결한다.
   이때 끝과 끝을 겹치게 잡고 홈질로 마무리한다.

3. 혹은 원단 끝에 원단용 풀을 발라서 붙인다.

1

2

3

자연이 주는 선물
꽃

꽃 엽서

작고 귀여운 꽃다발과 화병을
직접 수놓은 꽃 자수와
예쁜 손글씨로 마음을 담아
엽서 한 장 선물해보세요.

수놓는 법 130p

라벤더

오묘한 초록빛 허브 라벤더.
연보라색 꽃까지 수놓으면
보랏빛 향기가 나는 것만 같아요.

❀ 수놓는 법 134p

해바라기

태양의 꽃 해바라기.
풍성한 꽃잎과 짙은 수술 덕에
한 송이만으로도 충분히 아름답죠.

❀ 수놓는 법 136p

양귀비

❀ 수놓는 법138p

튤립

기품 있는 꽃 아이비와
몽글몽글한 꽃망울의 튤립.
화려한 컬러로 주목받지만
선으로 수놓은 꽃 역시 아름다워요.

수놓는 법 140p

실로 그리는 그림 자수 소품

유칼립투스

천연 방향제 식물로 사랑받는 유칼립투스.
잘 마른 모습을 도안으로 그려 수놓으면
상쾌한 향기가 날 것만 같아요.

수놓는 법 142p

올리브

올리브 나무를 실내에서 키우는 사람들이
점점 늘어나고 있는 요즘,
열매까지 맺길 바라는 마음을 담아 수놓았어요.

수놓는 법 144p

단풍잎 쿠션

쿠션 위에 수놓은 가을 단풍잎.
따사로운 햇살 들어오는 시간에
더욱 아름다운 자수 소품이에요.

❀ 수놓는 법 146p

코스터

펠트 원단에 나뭇잎을 수놓은 코스터.
두툼한 두께가 컵을 안정감 있게 받쳐주어
활용도 높은 인기 아이템이랍니다.

❀ 수놓는 법 148p

그린 에코백

소소한 아름다움을 담은 들꽃 패턴을
에코백 한쪽에 수놓아보세요.
실 색상을 다양하게 활용해
나만의 에코백을 완성해요.

❀ 수놓는 법 150p

초록 아이템

나만의 초록 아이템을 수놓아보세요.
브로치로 만들어 달아도
귀엽고 사랑스러운 소품이 완성돼요.

수놓는 법 152p

Part 3

초록으로 수놓기

도안 위 글자들은 기법, 실 번호, 가닥수입니다.
예: 백 310(1)은 백 스티치, 310번, 1가닥

알로카시아

원단 다크브라운 리넨

실 DMC25번사: 433, 437, 471, 3347, 3865

기법 새틴, 아웃라인, 스트레이트, 스플릿

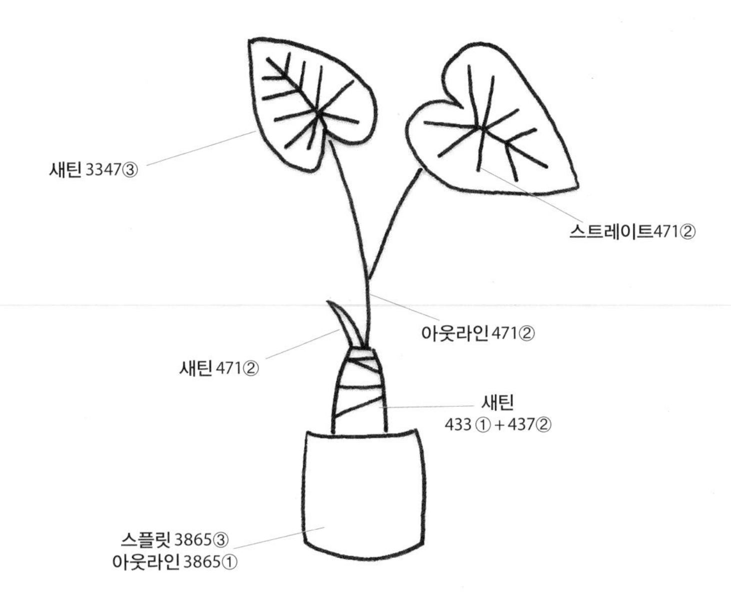

tip

1. 나무기둥을 수놓을 때 433 1가닥, 437 2가닥을 합쳐서 총 3가닥으로 작업하세요.
2. 겹쳐 있는 나뭇결을 표현하기 위해 새틴을 사선으로, 각도를 바꿔주면서 수놓아요.
3. 위에서부터 빨강, 초록, 노랑, 파랑 순서로 수놓아요.

1

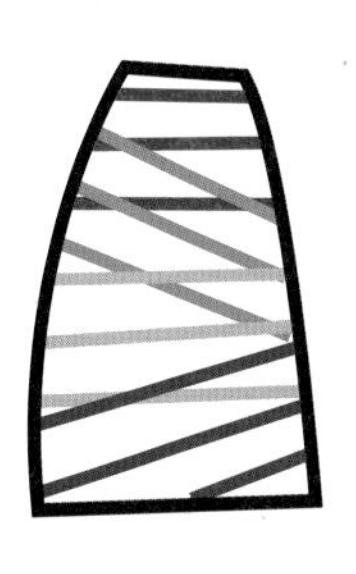
2

물꽂이

원단 내추럴 리넨
실 DMC25번사: 367, 645, 775, 801, 3816, 3053
기법 백, 새틴, 아웃라인, 프렌치넛, 롱 앤 숏

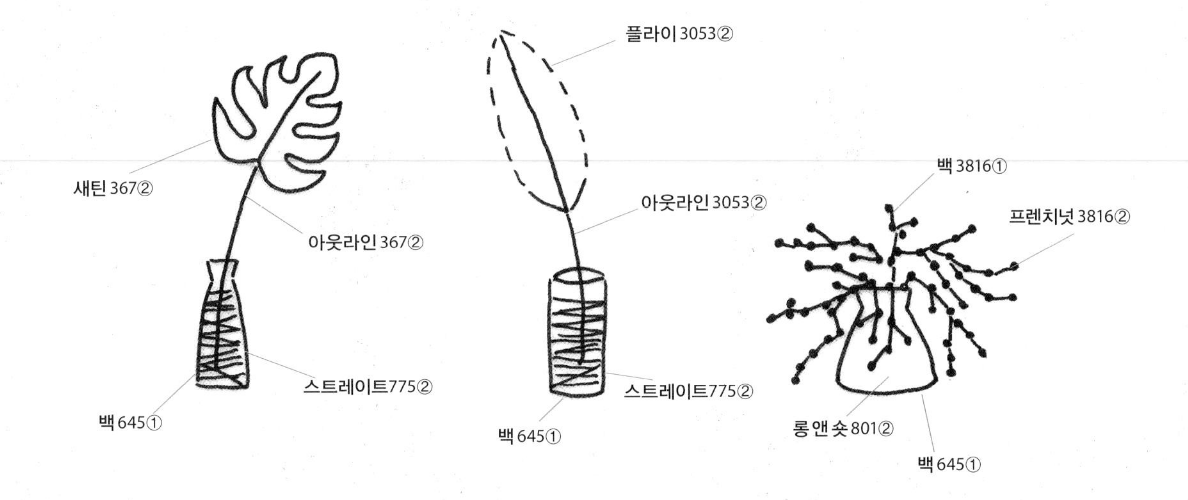

tip

1. 식물, 화병 순서로 수놓아요.
2. 갈색 병 트리안은 화병을 먼저, 그리고 그 위를 덮으면서 줄기와 잎을 수놓아요.
3. 트리안의 작고 동그란 잎은 원하는 만큼 더해주세요.

선인장과 다육이

원단 연결하여 브로치 만들기

1. 원단의 겉과 겉을 맞댄 후 시접 1cm를 남기고 박음질한다.
2. 연결된 2장을 펼쳐서 수놓지 않는 쪽으로 시접이 넘어가도록 다림질한다.
3. 완성된 앞면에 브로치를 대고 수성펜이나 열펜으로 수놓을 부분을 미리 그려둔다.

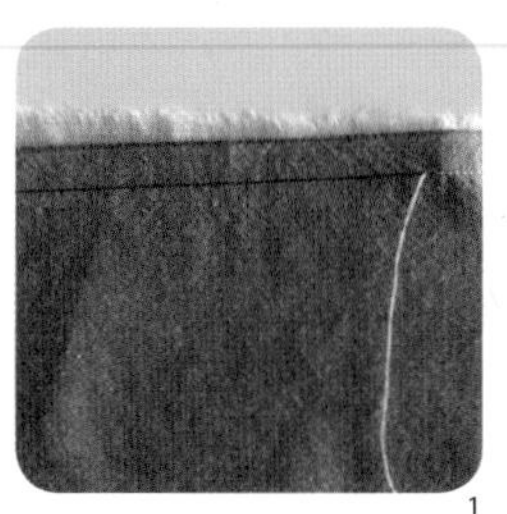
1

2

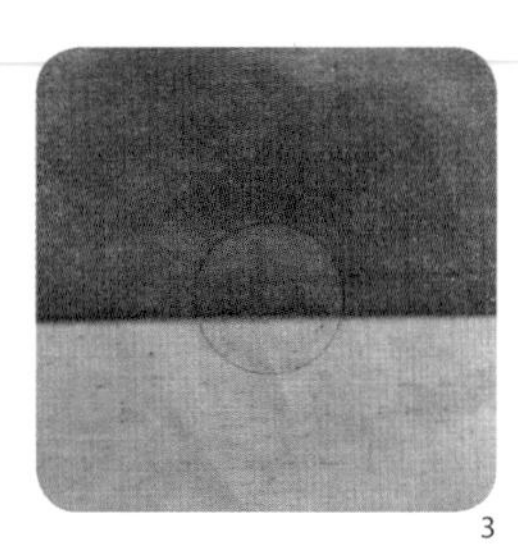
3

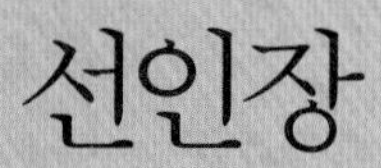

선인장

원단 내추럴 리넨, 그린타탄 체크

브로치 5cm

실 DMC25번사: 921

기법 롱 앤 숏, 백

롱 앤 숏 921②

백 921①

tip

테두리 정리를 위해 먼저 롱 앤 숏을, 그 후에 백스티치를 수놓았어요.
순서를 바꿔도 괜찮아요.

원단 내추럴 리넨, 네이비 리넨
브로치 5cm
실 DMC25번사: 19, 3814, 3817
기법 백, 새틴, 레이지 데이지

레이지 데이지 19①
새틴 3814②
백 3817②

tip

새틴, 백, 레이지 데이지 순서로 수놓아요.

원단 아이보리 리넨, 베이비 핑크 리넨
브로치 3.5cm
실 DMC25번사: blanc, 3832
기법 페디드 새틴, 스트레이트

tip

1. 새틴을 도안 크기보다 작게 스티치해 크로스로 덮으면서 부피를 키워 스티치 크기를 도안에 맞춰주세요.
2. 새틴 위에 수놓아야 하므로 조심스럽게 스트레이트 스티치를 해주세요. 간혹 스트레이트가 새틴 속에 묻히면 풀고 다시 하기보다는 그 위에 한 번 더 수놓아주세요.

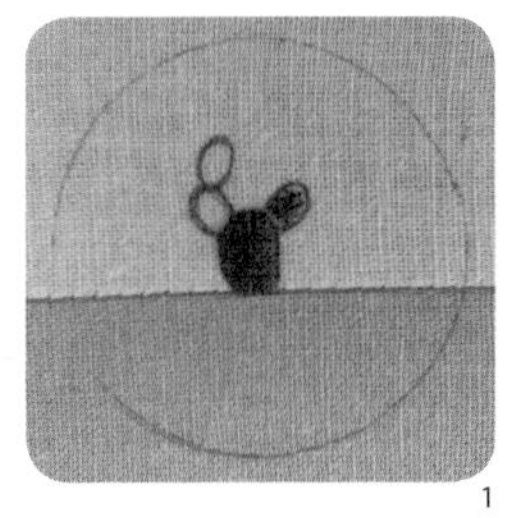
1

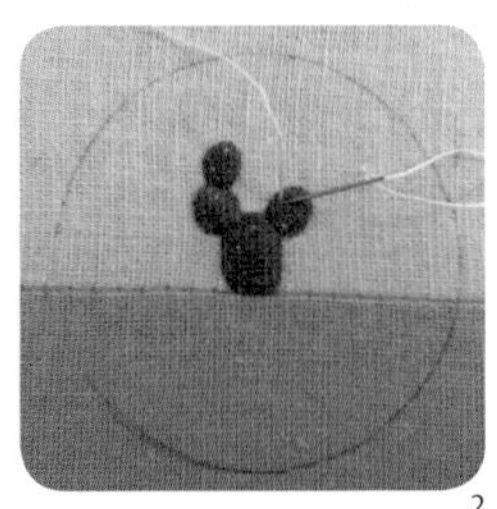
2

다육이

원단　아이보리 리넨, 레드 체크 리넨
브로치 3.5cm
실　DMC25번사: 310
기법　크로스

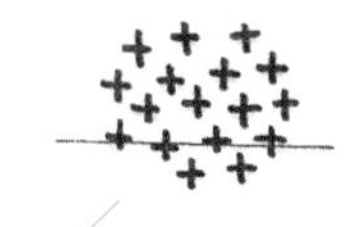

크로스 310②

---

tip

겹쳐진 원단 부분에 실이 빠지지 않도록 유의하세요.

원단 내추럴 리넨, 데님
브로치 3.5cm
실 DMC25번사: 3865
기법 블리온

tip

도안에 표시된 순서대로 블리온 스티치로 수놓아요.

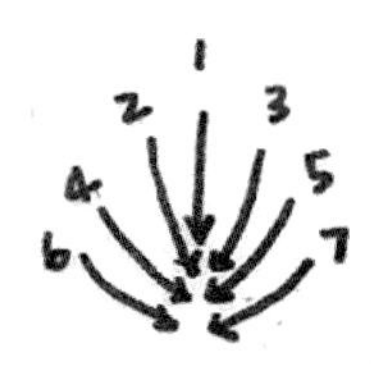

원단 올리브 리넨, 베이지 체크 리넨
브로치 3.5cm
실 DMC25번사: 761
기법 백, 레이지 데이지, 스트레이트

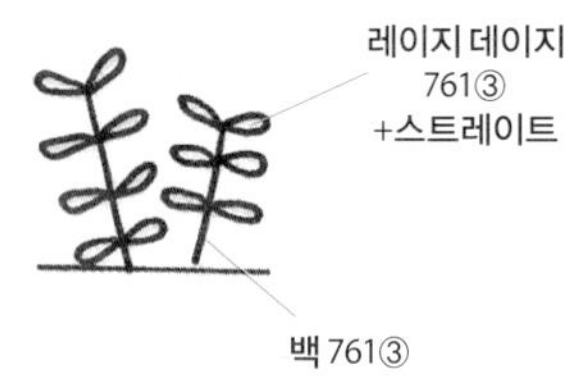

tip

백 스티치를 수놓은 후 마디 사이사이 바늘구멍이 위치한 곳에 레이지 데이지를 수놓아주세요.

밍크선인장

원단 올리브 리넨

실 DMC25번사 : 415, 437, 934, 3021, 3024

기법 스플릿, 스트레이트, 터키

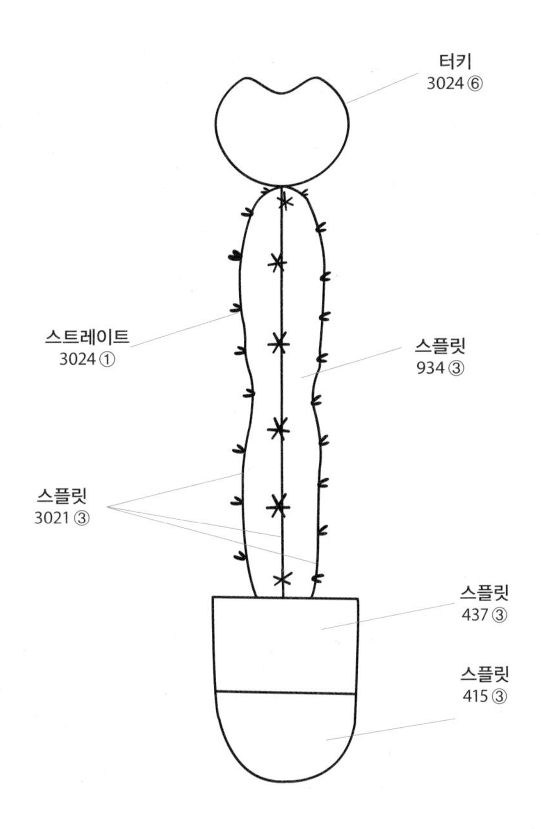

tip

1. 화분과 선인장을 모두 수놓은 후에 밍크털 작업을 시작하세요.
2. 밍크털은 터키 스티치로 외곽부터 수놓아줍니다.
3. 터키 스티치로 모두 채운 모습이에요.
4. 가위로 털을 잘라서 다듬어줘요.

2

3

테라리움

원단 머스타드 리넨, 그레이 리넨

니들마인더

실 DMC25번사: 318, 522, 895, 3348, 3865

기법 백, 새틴, 스트레이트, 레이지 데이지, 아웃라인, 카우칭, 롱 앤 숏

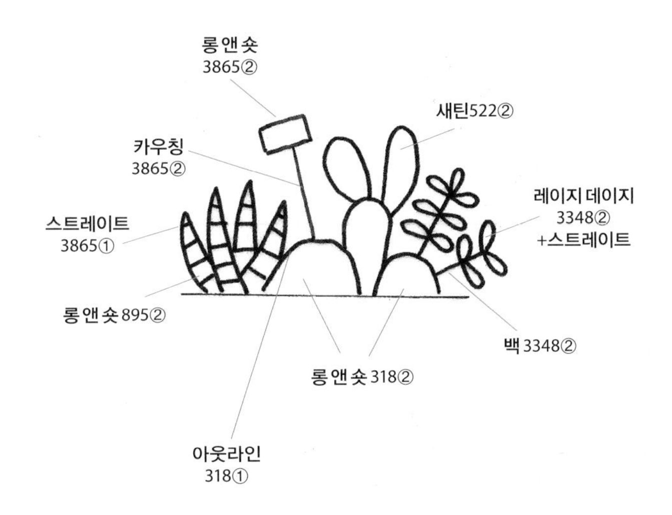

tip

수놓는 순서는 정해져 있지 않지만, 뒤에 심겨진 식물부터 앞에 놓인 돌 순서로 진행하면 편해요.

브로치와 니들마인더 마무리하기

- 브로치보다 여유 있게 원단을 자르고 홈질로 한 바퀴 돌려준 뒤 브로치의 볼록한 부분이 자수 뒷면에 닿도록 넣어준다. 홈질로 한 바퀴 돌리는 과정은 수틀 액자 마무리 과정과 같다. (17페이지 참고)
- 니들마인더를 할 때는 원단을 완전히 오므리기 전에 자석에 접착제를 바른다.
- 니들마인더 판 뒷면에 붙여준다.
- 실을 잡아당겨서 원단을 오므려준 뒤 남은 실을 지그재그로 꿰면서 원단을 정리한다.
- 브로치를 만들 때는 브로치 핀 안쪽에 접착제를 바르고 브로치 뒷면에 꾹 눌러서 붙인다. (과정 5, 7)
- 니들마인더의 원목 판 위쪽에 접착제를 바르고 자석 붙은 원단을 꾹 눌러서 붙인다. (과정 6, 8)

청귤나무

원단 내추럴 리넨

실 DMC25번사: 310, 520, 928, 988, 3045, 3078, 3347, 3854, 3895

기법 스트레이트, 백, 아웃라인, 새틴, 레이지 데이지, 롱 앤 숏, 체인, 카우치드 트렐리스

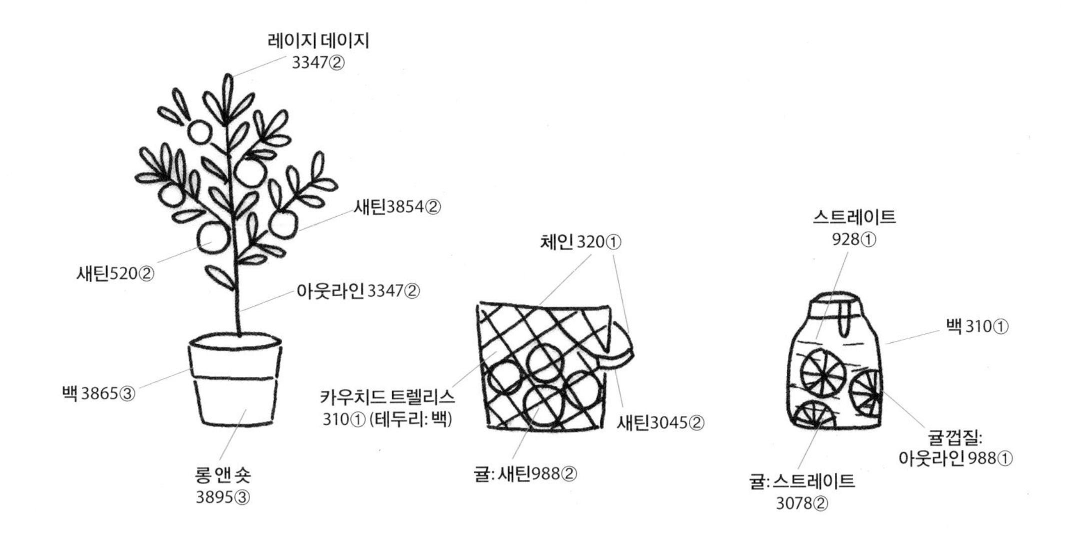

tip

청귤이 담긴 바구니를 수놓을 때 청귤에 바늘을 찔러 넣지 않도록 간격을 조절해서 카우치드 트렐리스 스티치를 해주세요.

극락조

원단 내추럴 리넨

실 DMC25번사: ecru, 647, 167, 415, 470, 612, 844, 3362

기법 새틴, 스트레이트, 아웃라인, 바스켓, 스플릿

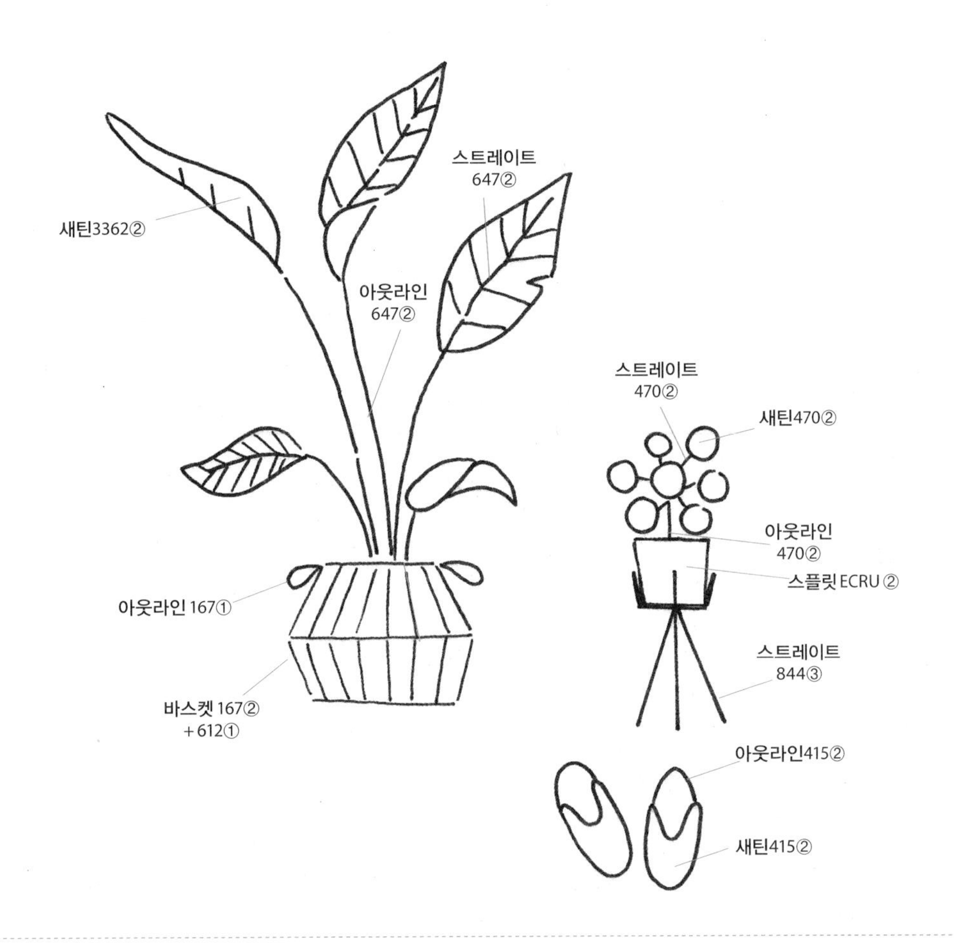

tip

극락조 잎을 새틴으로 일정하게 수놓기 위해 펜으로 가이드라인을 그려주세요.

필레아페페

원단 내추럴 리넨

실 DMC25번사: 310, 367, 843

기법 백, 아웃라인, 새틴, 스트레이트

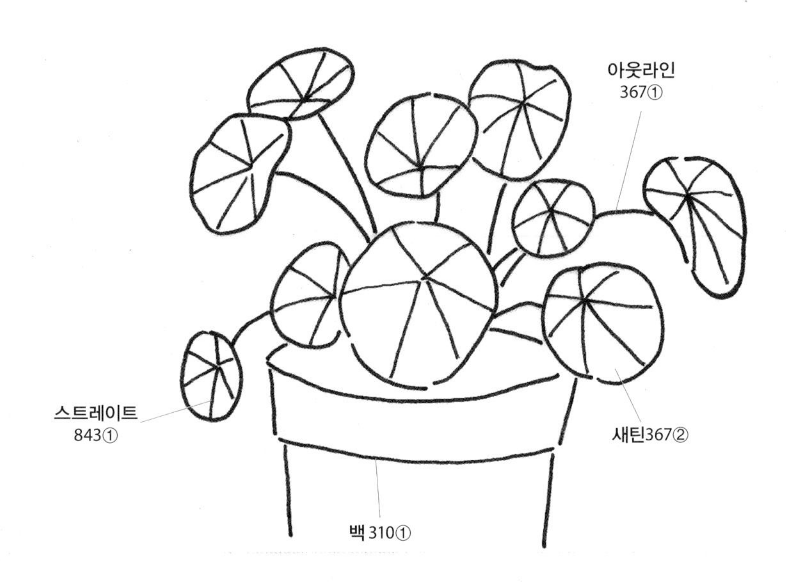

tip

1. 새틴을 수놓을 때 가운데 잎맥으로 새틴이 모두 모이면 바늘구멍이 너무 커져요. 일부는 살짝 옆쪽으로 바늘을 넣어주세요.
2. 잎을 완성해가면서 점차 가운데 빈 공간을 메워주거나 마지막에 스트레이트스티치를 하면서 가려주세요.

거북알로카시아와 마오리소포라

원단 내추럴 리넨

실 DMC25번사: 04, 300, 310, 437, 500, 647, 839, 3051, 3865, 3811

기법 새틴, 스트레이트, 아웃라인, 스플릿, 백, 프렌치넛

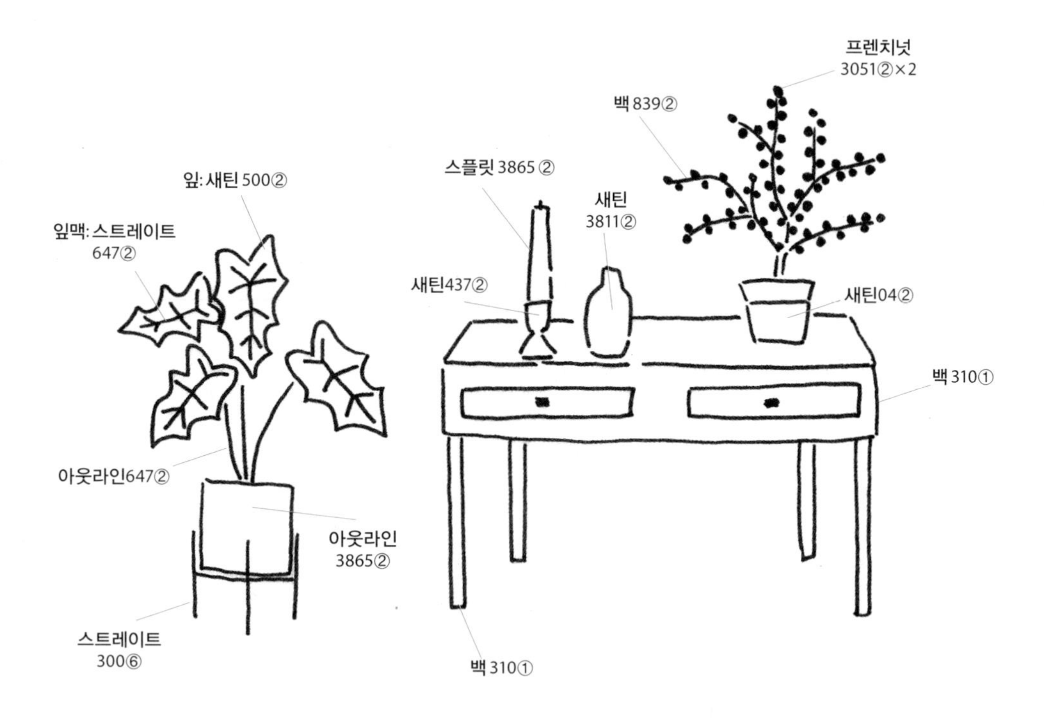

tip

거북알로카시아는 잎의 뾰족한 테두리가 포인트예요.
새틴으로 잎을 수놓기 전에 스트레이트로 포인트 라인을 먼저 잡아주고
마디마다 차례대로 새틴으로 수놓아주세요.

행잉플랜트

원단 백아이보리 리넨

실 DMC25번사: 581, 648, 841, 3051

기법 백, 스트레이트, 프렌치넛, 새틴, 롱 앤 숏, 체인드 페더

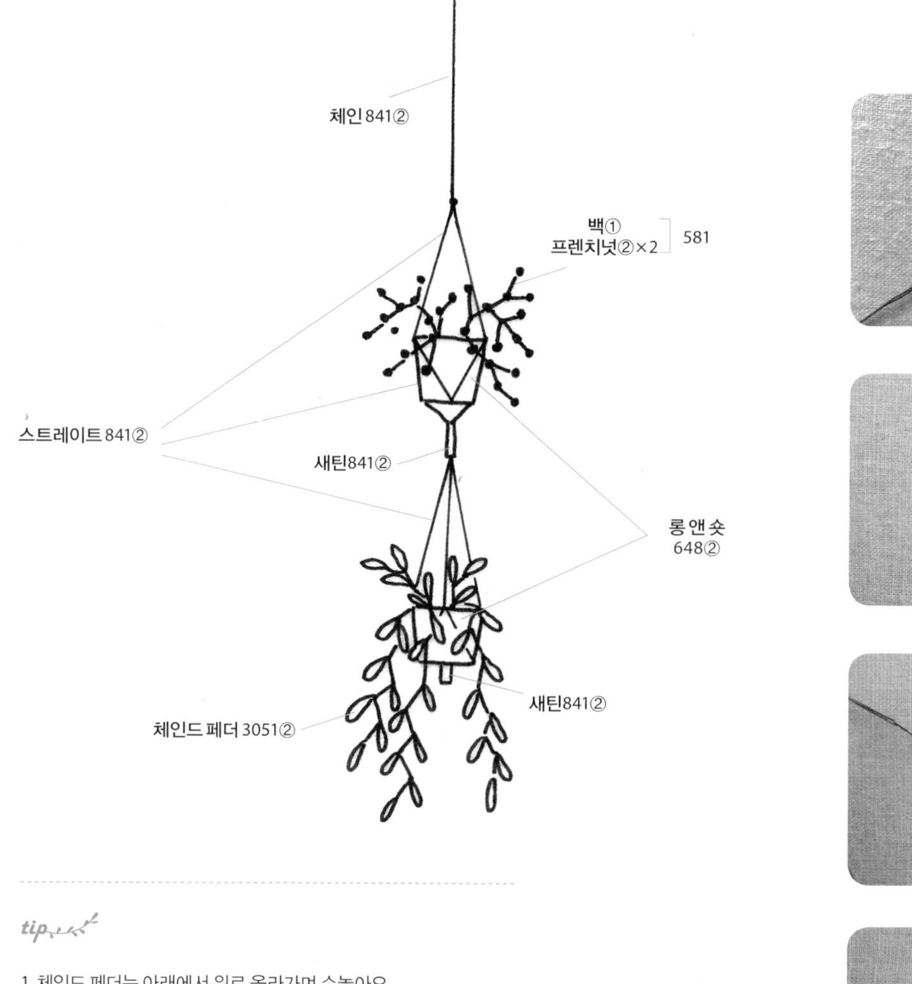

tip

1. 체인드 페더는 아래에서 위로 올라가며 수놓아요.
2. 실을 여러 번 왔다 갔다 하며 풍성한 수술을 만들어주세요. 이때 손이나 시침핀으로 고정해주면 좋아요.
3. 실을 잘 모아준 후 그 위로 가로방향 새틴을 수놓아서 원단에 고정시켜요.
4. 원하는 수술 길이만큼 가위로 잘라줍니다.

4

마크라메

원단 내추럴 리넨

실 DMC25번사: 301, 470, 471, 320, 739, 928, 3790, 3865

기법 스트레이트, 백, 레이지 데이지, 롱 앤 숏, 프렌치넛, 디테치드 블랭킷

비즈 베이지, 골드 6개씩

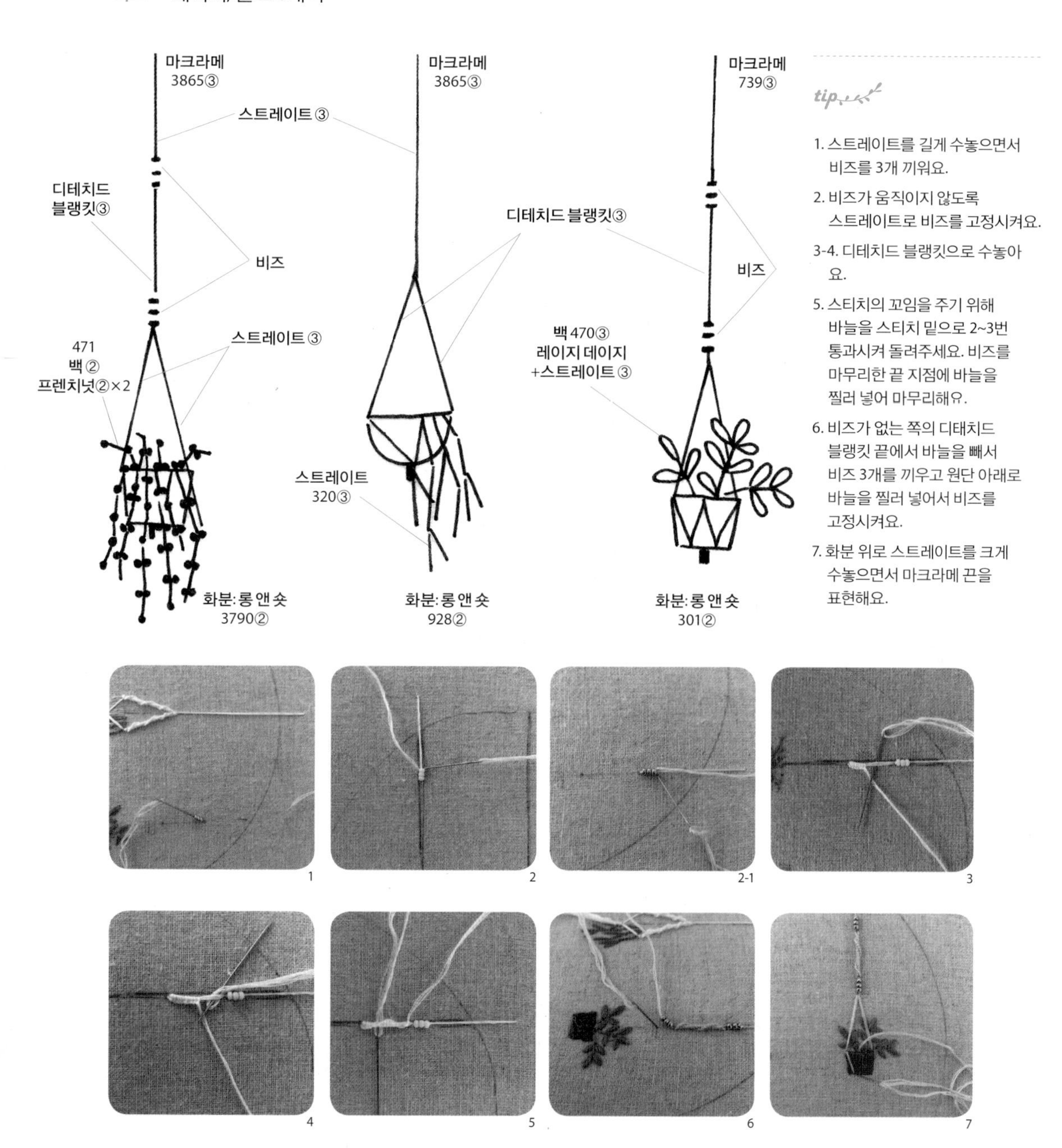

tip

1. 스트레이트를 길게 수놓으면서 비즈를 3개 끼워요.
2. 비즈가 움직이지 않도록 스트레이트로 비즈를 고정시켜요.
3-4. 디테치드 블랭킷으로 수놓아요.
5. 스티치의 꼬임을 주기 위해 바늘을 스티치 밑으로 2~3번 통과시켜 돌려주세요. 비즈를 마무리한 끝 지점에 바늘을 찔러 넣어 마무리해요.
6. 비즈가 없는 쪽의 디태치드 블랭킷 끝에서 바늘을 빼서 비즈 3개를 끼우고 원단 아래로 바늘을 찔러 넣어서 비즈를 고정시켜요.
7. 화분 위로 스트레이트를 크게 수놓으면서 마크라메 끈을 표현해요.

틸란드시아

원단 내추럴 리넨

실 DMC25번사: 07, 310, 524, 987, 3022

기법 백, 스트레이트, 스플릿, 페더

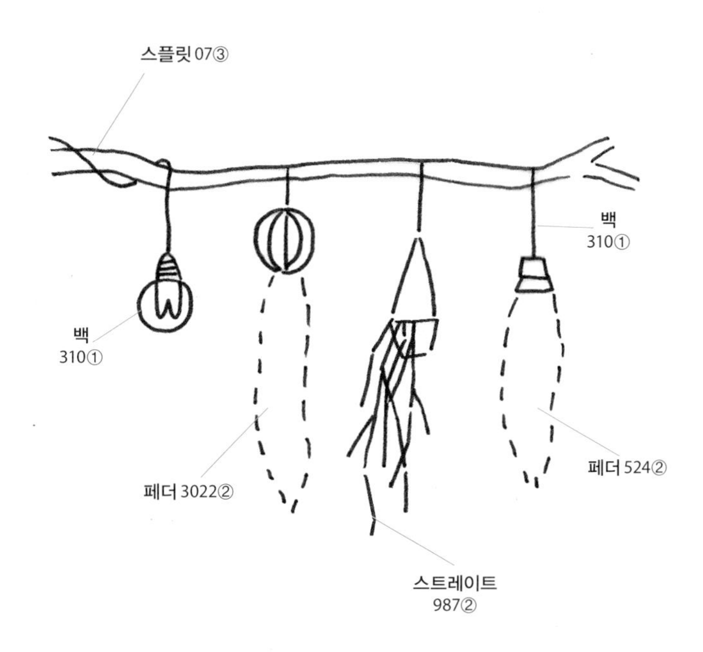

tip

1. 페더 스티치는 수틀을 180℃ 돌려서 수놓아요.
2. 틸란드시아가 풍성해 보이도록 페더 스티치를 할 때 실을 겹쳐서 여러 번 수놓아요.

공중식물

원단 내추럴 리넨

실 DMC25번사: 310, 3362, 3364, 3865, ecru

기법 스트레이트, 백, 새틴, 휩백, 카우칭, 아웃라인, 러닝

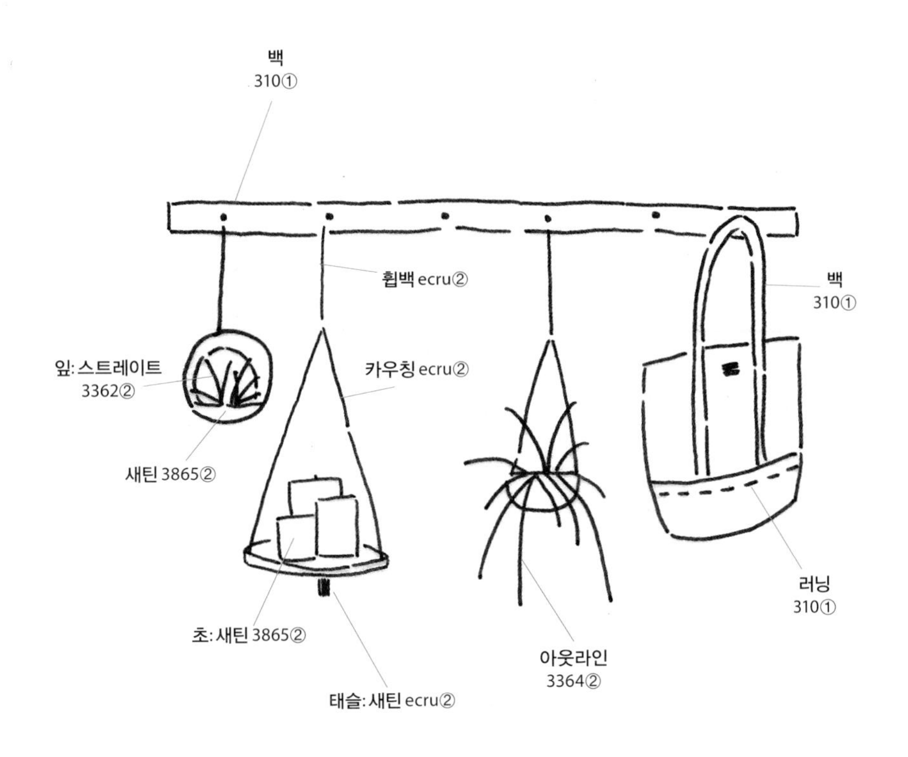

tip

태슬 만들기는 행잉플랜트와 동일해요. (115페이지 참고)

덩굴 리스

원단 백아이보리 리넨

기법(실번호)

1. 미모사리스_ 아웃라인, 프렌치넛, 플랫(19, 870, 3022, 3363, 3828)
2. 아이비리스_ 아웃라인, 백, 스트레이트(843, 3345, 3828)
3. 갈대리스_ 아웃라인, 백, 새틴, 플라이(543, 839, 841, 844, 898)
4. 남천열매리스_ 아웃라인, 프렌치넛(801, 347)

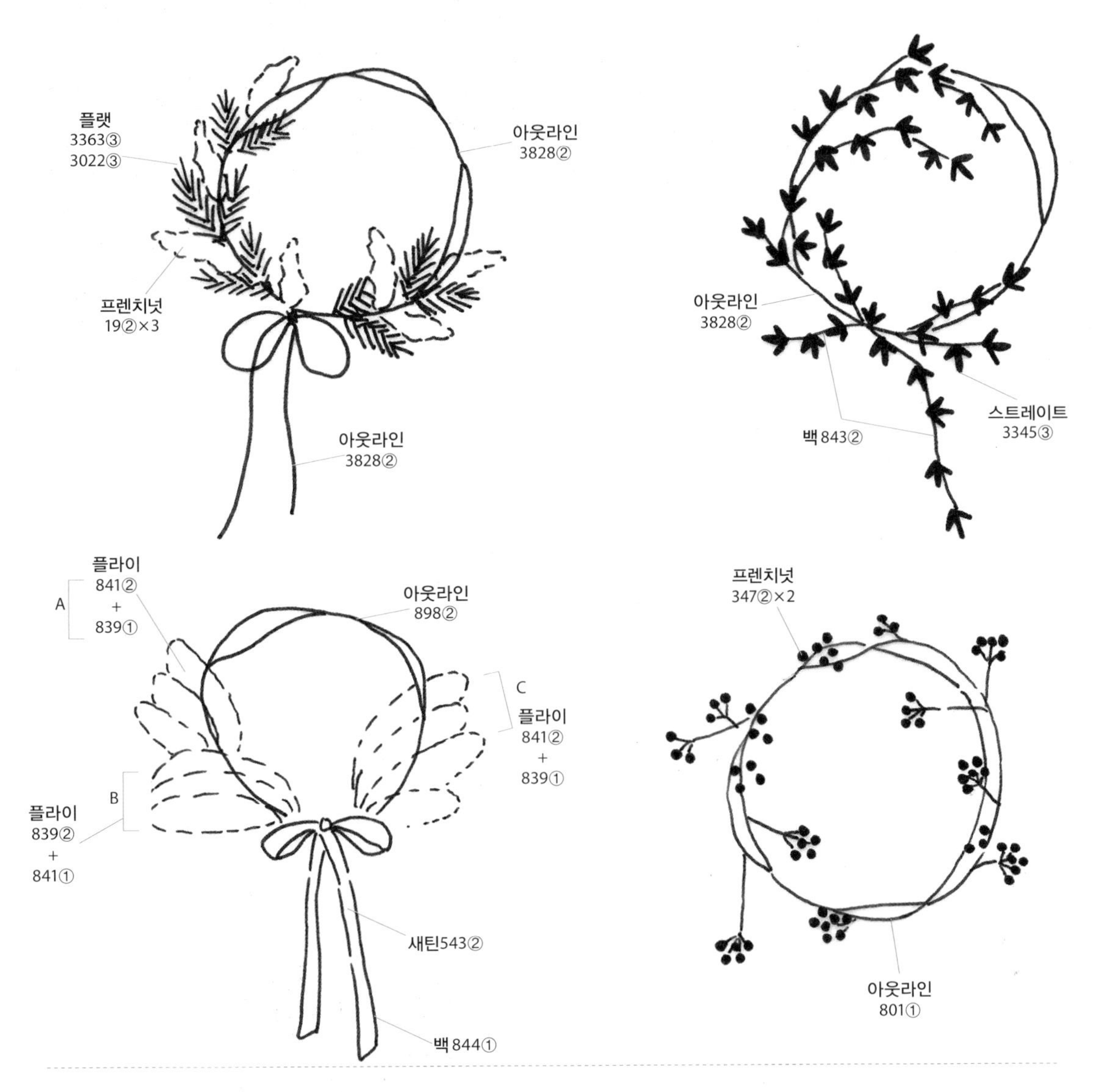

tip

1. 미모사리스 잎을 수놓을 때 3363, 3022번 실을 자유롭게 배치해주세요.
2. 세 갈래로 갈라진 아이비잎은 먼저 가운데 잎을스트레이트로 2번 수놓아요. 이때 한쪽 끝은 같은 구멍에 바늘을 넣어주세요. (붉은색) 그 뒤에 양쪽 잎을 스트레이트로 수놓아요. (검은색) 오른쪽 그림을 참고하세요.
3. 갈대는 A-B-C 그룹 순서로, 그룹 내에서도 뒤에 있는 갈대줄기를 제일 먼저 수놓고 점점 앞으로 겹치게 수놓아요.

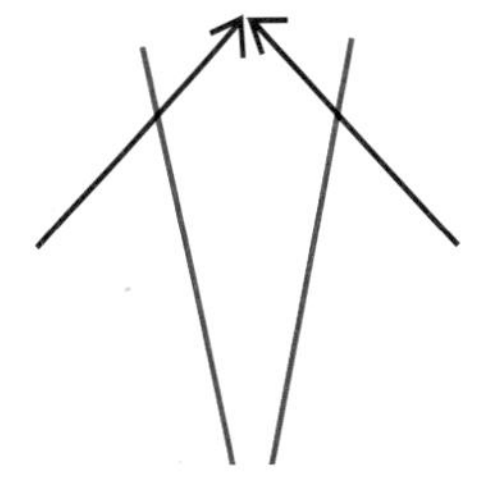

팜파스

원단 아이보리 리넨

실 DMC25번사: 347, 437, 453, 844, 938, 3862

애플톤 울사 : 941, 945

기법 백, 아웃라인, 스플릿, 롱 앤 숏, 터키

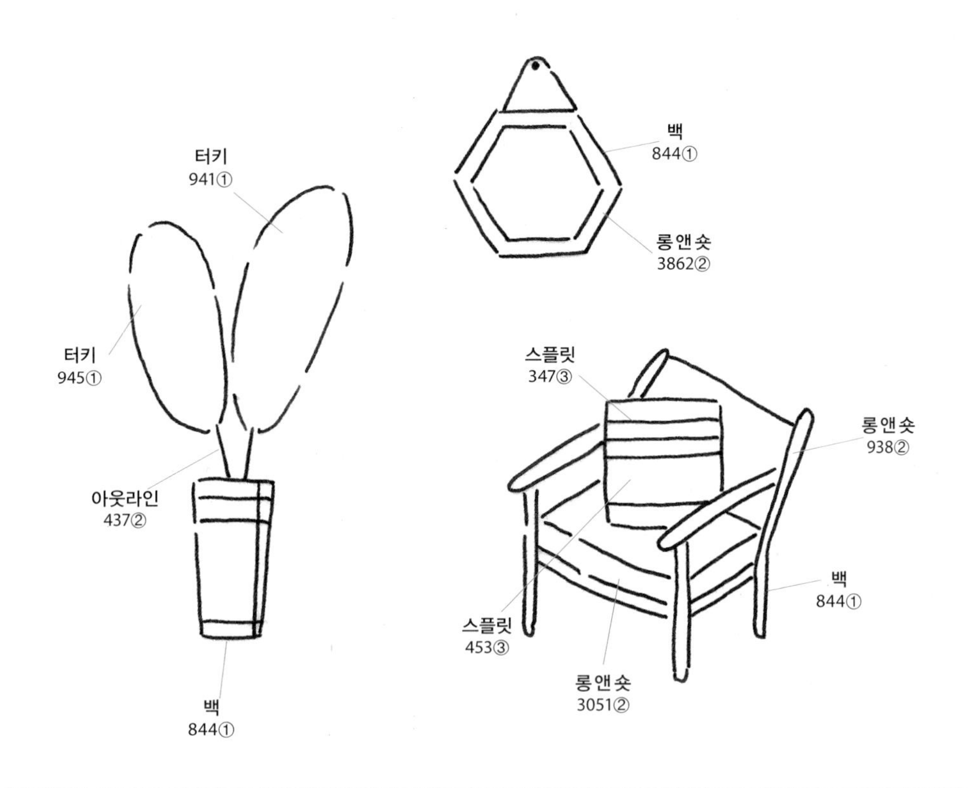

tip

1. 팜파스를 가로로 길게 놓고 수놓을 때 실의 방향을 한쪽으로 일정하게 가도록 수놓으면 편해요.
2. 마지막에 가위로 다듬어 마무리해요.

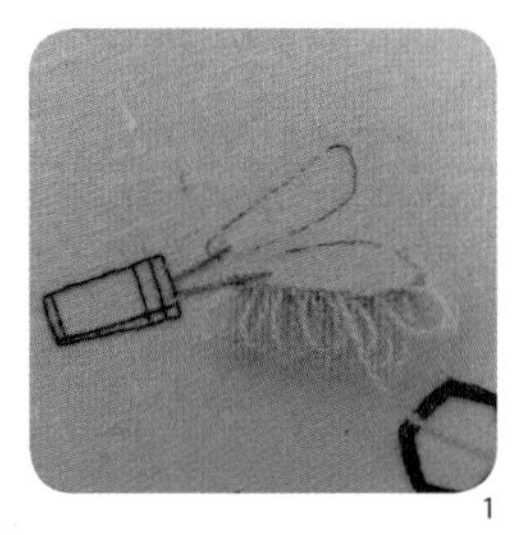
1

2

크리스마스트리

원단 내추럴 리넨
실 DMC25번사: 932, 금사
비즈 골드 컬러로 적당량
기법 플랫, 체인

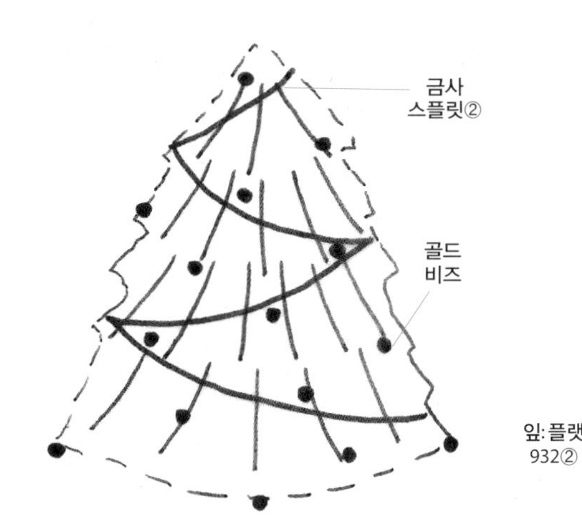

tip

1. 트리 아래에서부터 플랫 스티치를 해주세요. 도안에 그려진 실선에서 빨간 잎이 사방으로 뻗어나가도록 수놓아요.
2. 플랫끼리 서로 겹치게 수놓을수록 더 풍성해보여요. 도안을 180℃ 회전시켜서 아래부터 플랫 스티치를 시작합니다.
3. 금사로 체인을 수놓아요.
4. 금사를 이용해 비즈를 달아주세요.

1

2

3

4

가랜드

원단 그린 타탄 체크 리넨

실 DMC25번사: 은사, 415

기법 아웃라인, 플랫, 프렌치넛

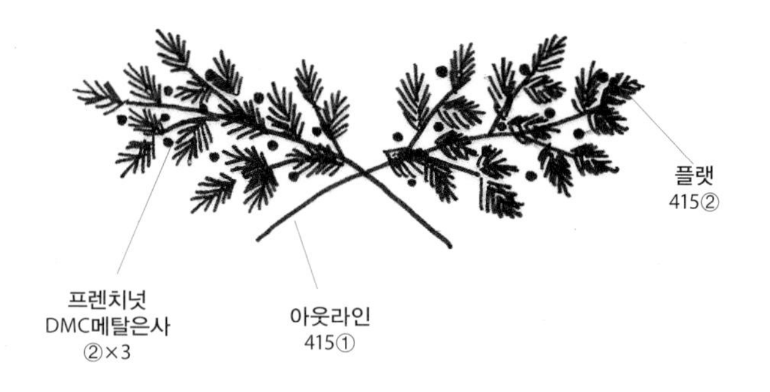

tip

메탈사를 사용할 때 바늘귀와 원단을 통과하다보면 보풀이 생겨요.
이를 방지하기 위해 수놓기 전에 바느질용 왁스를 사용해보세요.
실 겉면에 왁스를 코팅해준다고 생각하면 돼요.

꽃 엽서

꽃병1 (페이퍼백)

원단 아이보리 리넨
실 DMC25번사: 523, 645, 3823, 3045, blanc
기법 크로스, 스트레이트, 백, 새틴, 프렌치넛

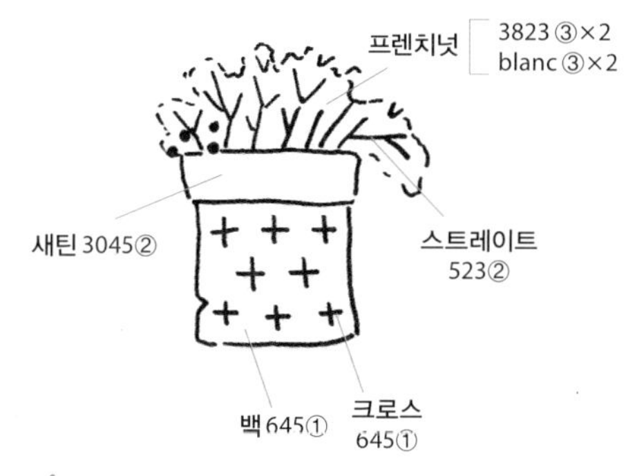

tip

꽃을 수놓을 때 줄기를 스트레이트로,
그 위를 프렌치넛으로 풍성하게 덮어주세요.
스트레이트, 프렌치넛 모두 자유롭게 수놓아요.

꽃병2 (골든볼)

원단 아이보리 리넨
실 DMC25번사:19, 320, 433, 3023
기법 프렌치넛, 백, 아웃라인, 레이지 데이지

꽃병3 (와이어화병)

원단 아이보리 리넨
실 DMC25번사: 310, 843, 3712
기법 백, 새틴, 아웃라인, 스트레이트

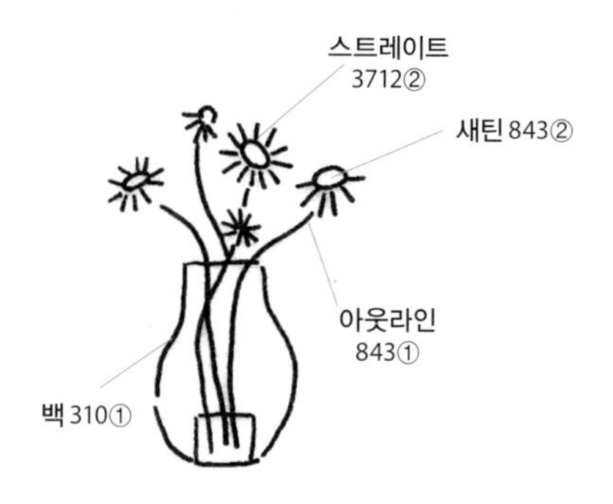

꽃병4 (도자기)

원단 아이보리 리넨
실 DMC25번사: 05, 3021, 3051
기법 새틴, 프렌치넛, 아웃라인, 롱 앤 숏

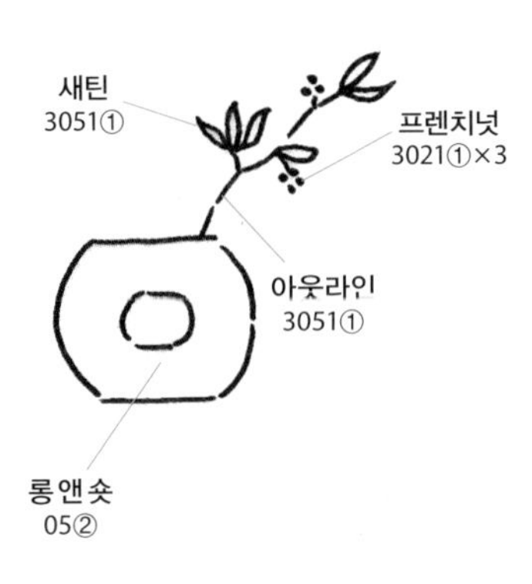

꽃병5 (튤립)

원단 아이보리 리넨
실 DMC25번사: 645, 917, 988, 3862, 3865
기법 백, 프렌치넛, 새틴, 롱 앤 숏, 블리온

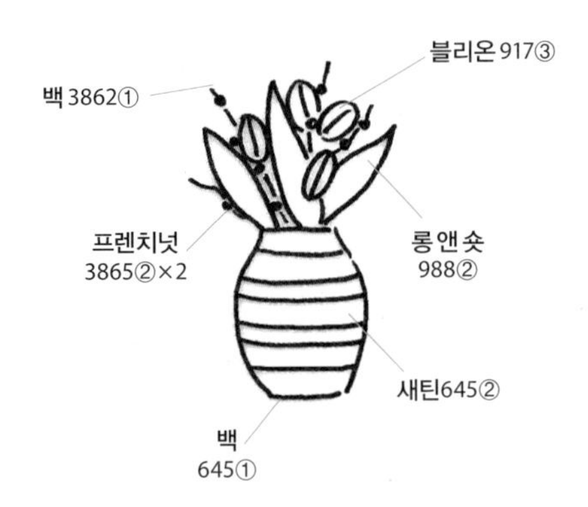

꽃병6 (해바라기)

원단 아이보리 리넨
실 DMC25번사: 19, 3346, 3756, 3790
기법 스트레이트, 새틴, 아웃라인, 롱 앤 숏

tip

꽃잎이 겹친 부분은 과감하게 덮어주세요.

tip

튤립은 잎을 먼저 수놓고 그 위에 겹치게 블리온을 올려주세요.

카네이션 꽃다발

원단 아이보리 리넨

실 DMC25번사: 162, 349, 367, 523, 3823

기법 스트레이트, 스플릿, 프렌치넛, 레이지 데이지, 백, 새틴

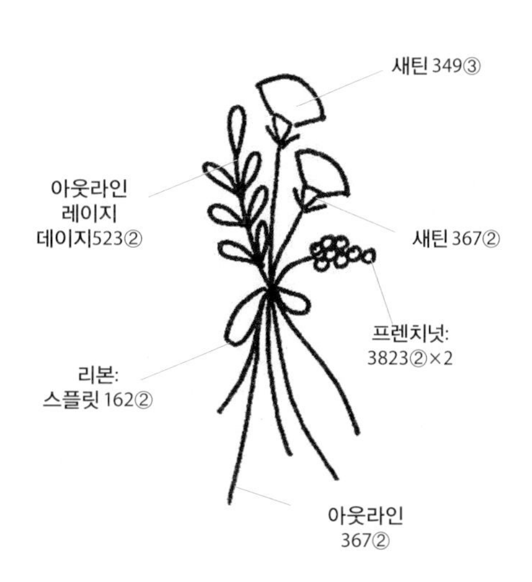

tip

리본은 2가닥으로 스플릿 스티치 혹은 1가닥으로 체인 스티치해주세요.

라벤더

원단 올리브 리넨

실 DMC25번사: 211, 310, 436, 520, 780, 3835, 3887

기법 스트레이트, 백, 새틴, 프렌치넛, 레이지 데이지, 바스켓, 휩 체인

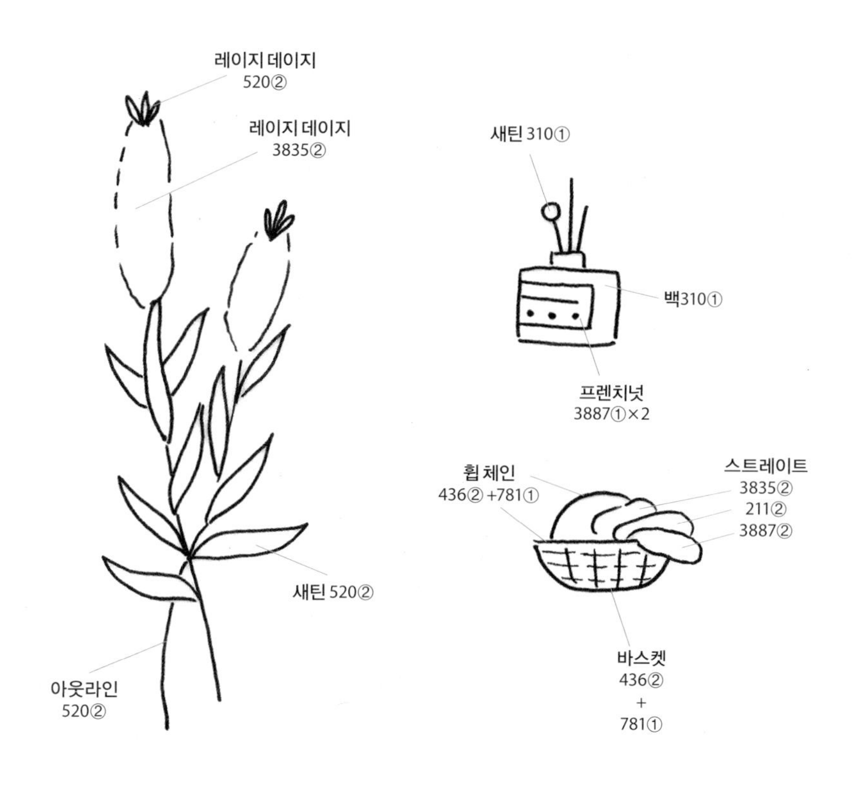

tip

1. 라벤더 꽃잎은 위에서부터 아래로 살짝 겹치게 내려오면서 수놓아요.
2. 바구니 손잡이와 테두리 윗부분의 휩 체인 스티치는 체인 스티치를 먼저 하고 바늘로 한 땀씩 통과해서 감으면 완성돼요.

1

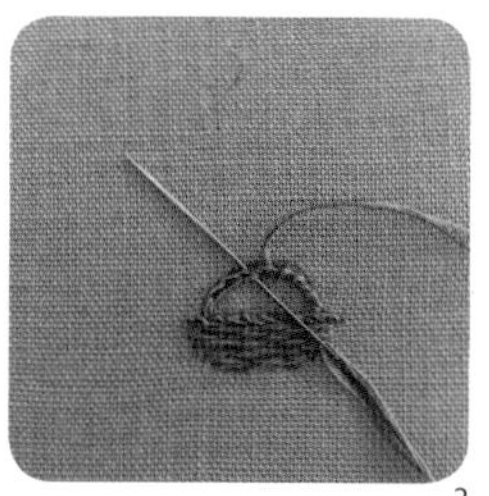
2

해바라기

원단 아이보리 리넨

실 DMC25번사: 3882

기법 백, 스트레이트

tip

해바라기 가운데 부분은 스트레이트 스티치를 겹치게 해서 음영을 표현해주세요.

양귀비

원단 내추럴 리넨
실 DMC25번사: 844
기법 백, 새틴

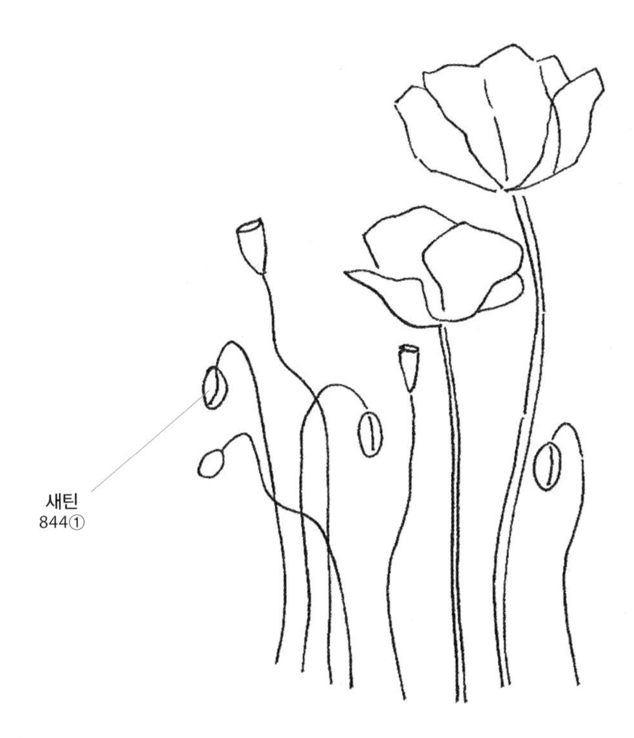

tip

꽃봉오리를 제외한 다른 부분은 모두 백 스티치로 수놓아요.
방향이 바뀌는 부분, 곡선 부분에서의 백 스티치 땀 크기가 너무 커지지 않도록 유의하며 수놓아요.

튤립

원단 내추럴 리넨
실 DMC25번사: 844
기법 백

tip

꽃잎을 좋아하는 컬러로 수놓아 나만의 튤립을 만들어보세요.
이때 꽃잎은 롱 앤 숏 스티치로 수놓아요.

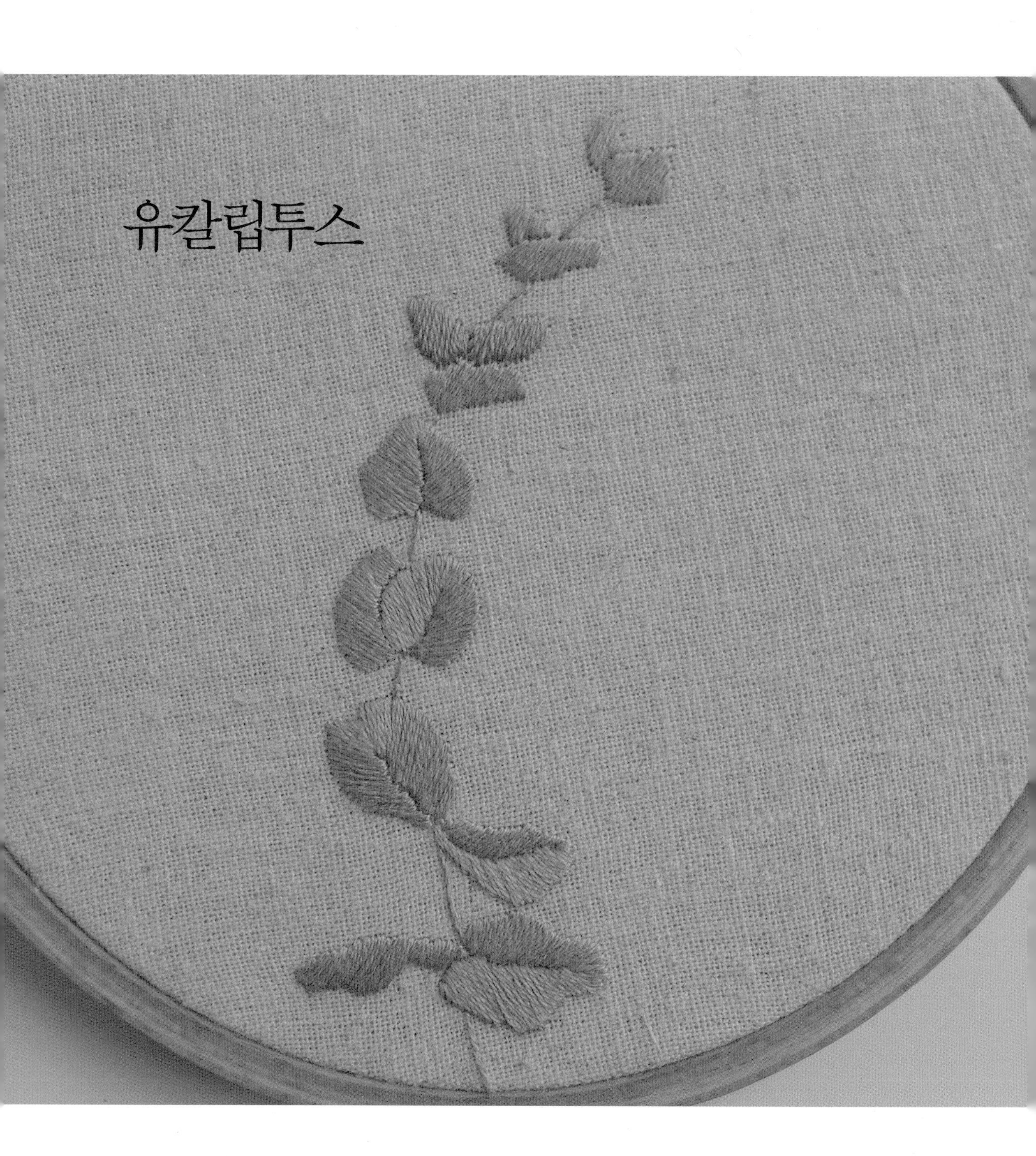
유칼립투스

원단 내추럴 리넨
실 DMC25번사: 3864
기법 아웃라인, 새틴

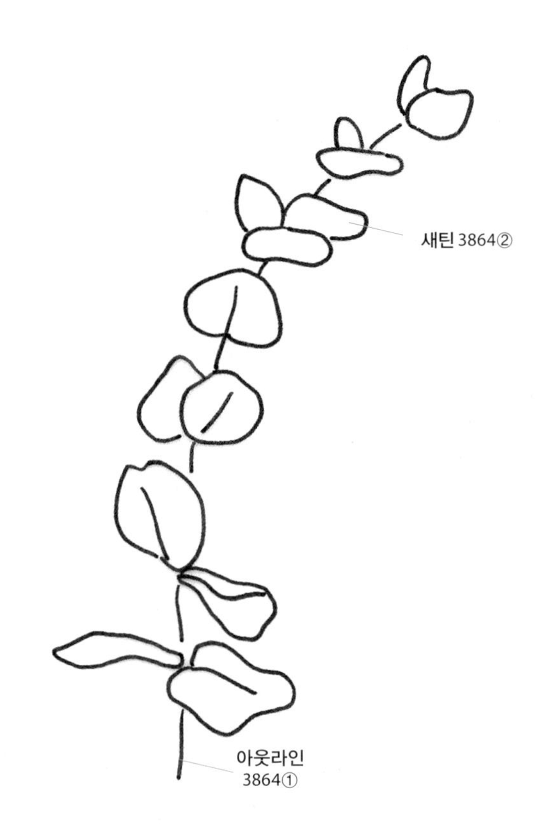

tip

아웃라인으로 줄기먼저 수놓고 그다음 새틴으로 잎을 수놓아주세요.
새틴 스티치의 가지런한 결을 살리는 것이 중요합니다.

올리브

원단 내추럴 리넨
실 DMC25번사: 934
기법 백
백934①

단풍잎 쿠션

원단 머스터드 리넨
실 DMC25번사: 3750
기법 백, 스플릿

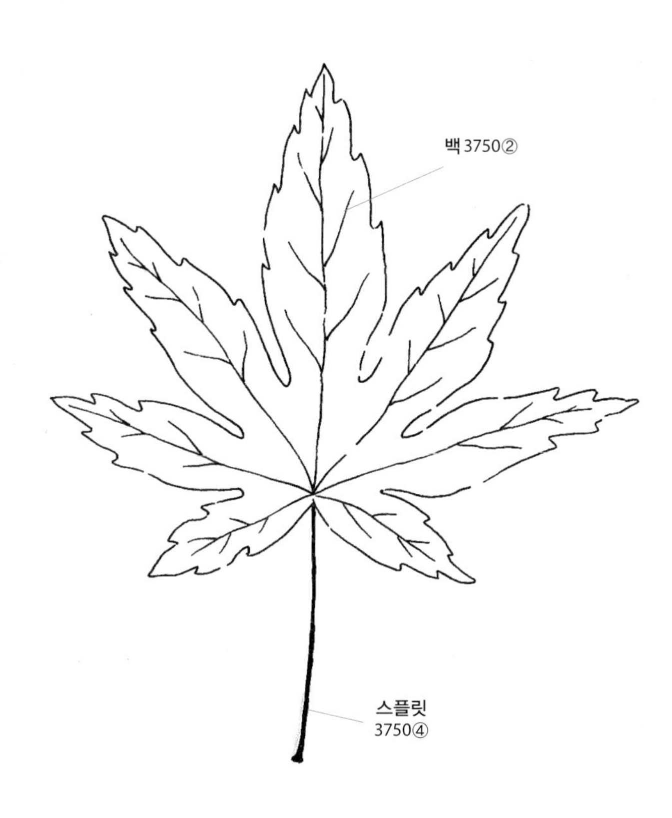

tip

스플릿 스티치를 수놓는 방법 중 편한 방법으로 진행하세요. (33, 34페이지 참조)

코스터

원단 그레이, 다크그레이, 펠트(그레이와 다크그레이 컬러, 3mm 정도의 두툼한 두께)

실 DMC25번사: 778, 3838

기법 백

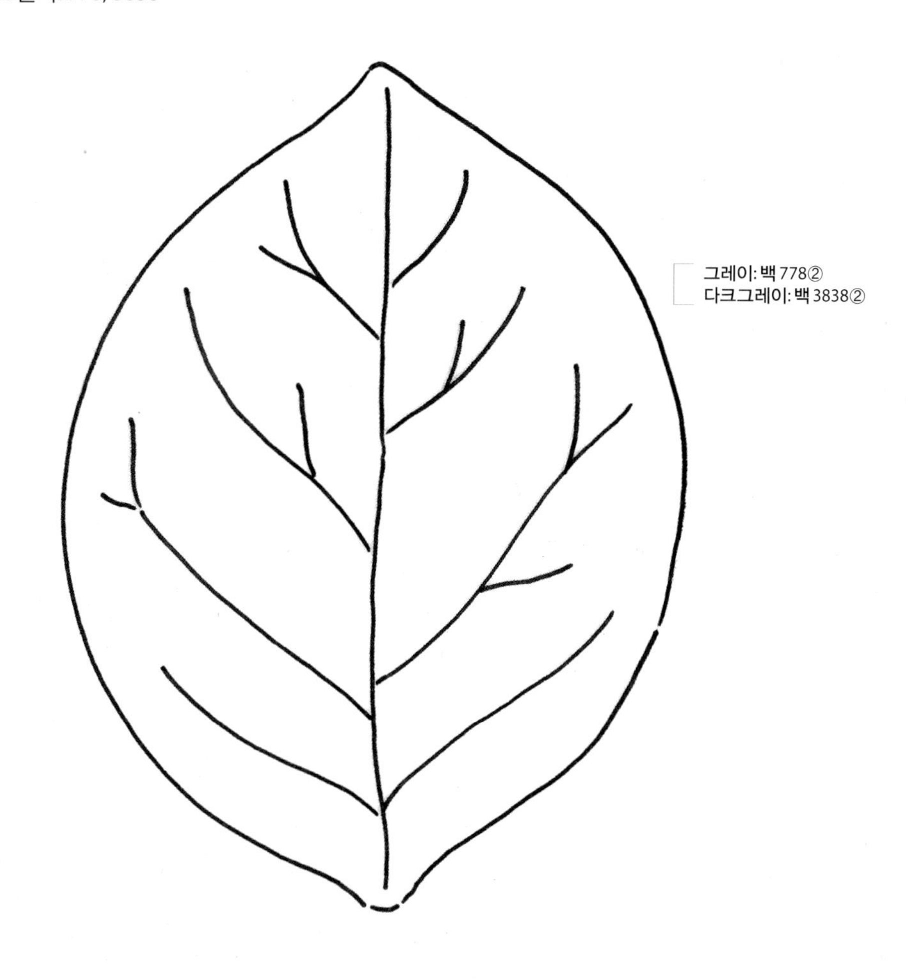

tip

1. 펠트지에 직접 도안을 그리기 어려울 때 수용성 도안지에 도안을 그려 펠트에 시침질(러닝 스티치)로 고정한 후에 수놓아요.
2. 다 수놓은 후에 나뭇잎 모양대로 펠트지를 잘라주세요.
3. 물에 담가 도안지가 녹아서 깔끔하게 없어지면 잘 말려주세요.
4. 컵의 크기에 따라 도안 비율을 조절해 만들어보세요. 기법과 실 가닥수는 동일합니다.

그린 에코백

원단 그린 리넨, 다크네이비 리넨

실 DMC25번사: 01, 310, 472, 796, 3865, 3889

기법 백, 레이지 데이지+스트레이트, 스트레이트, 프렌치넛, 플랫

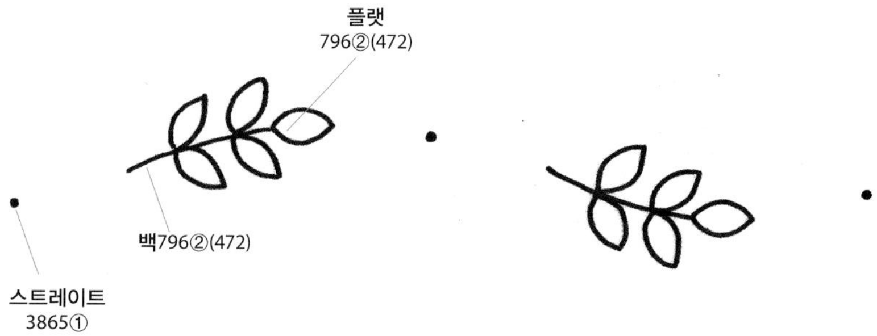

플랫
796②(472)

백796②(472)

스트레이트
3865①

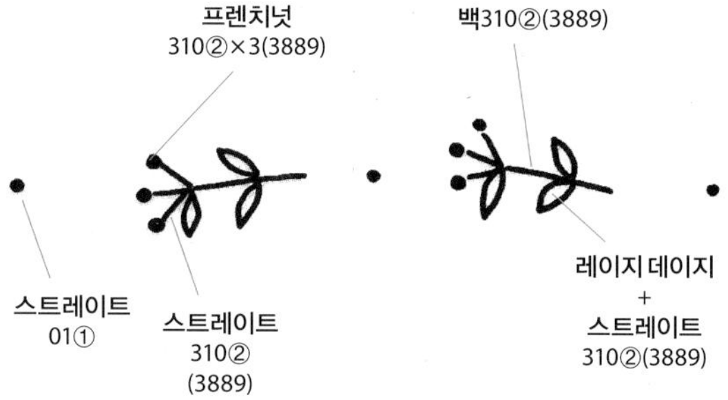

프렌치넛
310②×3(3889)

백310②(3889)

스트레이트
01①

스트레이트
310②
(3889)

레이지 데이지
+
스트레이트
310②(3889)

tip

01, 3865 실로 스트레이트를 이용한 작은 원을 수놓을 때 실이 테두리에서 가운데 하나의 점으로 모이도록 수놓아요.

초록 아이템

원단 내추럴 리넨

실 DMC25번사: ecru, 367, 437, 420, 704, 780, 844, 910, 3045, 3346, 3816, 3821, 3894

기법 스트레이트, 아웃라인, 새틴, 롱 앤 숏, 프렌치넛

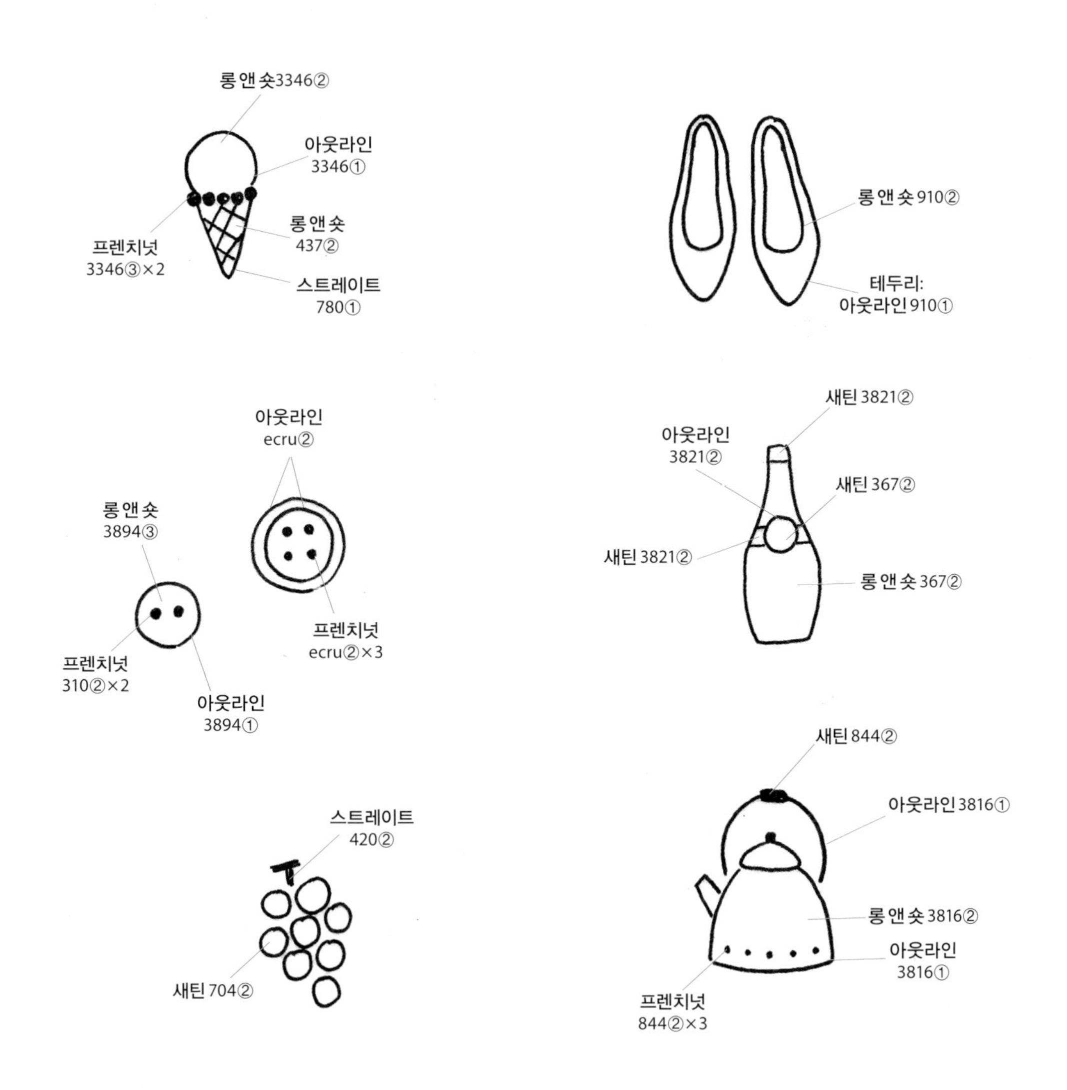

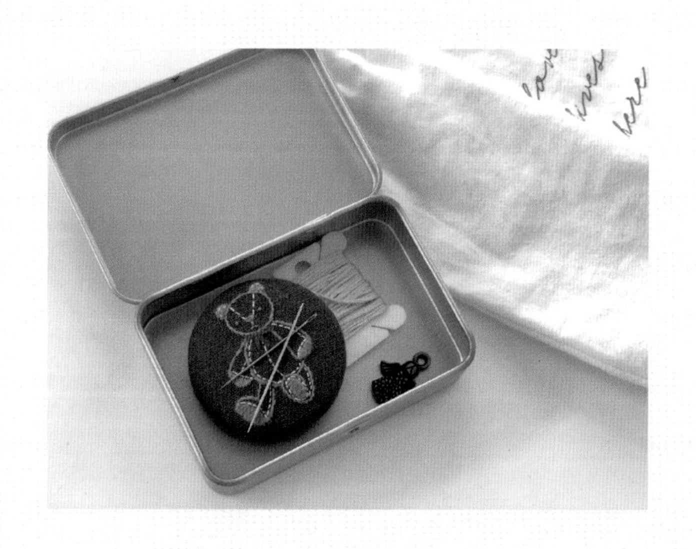

초록 자수

2019년 2월 1일 초판 1쇄 발행

지은이 • 김효진
펴낸이 • 이동은

편집 • 박현주

펴낸곳 • 버튼북스
출판등록 • 2015년 5월 28일(제2015-000040호)

주소 • 서울 서초구 방배중앙로25길 37
전화 • 02-6052-2144 팩스 • 02-6082-2144

ISBN 979-11-87320-24-1 13590